Arambam Sanatomba Singh

Explorar e descobrir Goa

Arambam Sanatomba Singh

Explorar e descobrir Goa

Património Cultural e Natural

ScienciaScripts

Imprint

Any brand names and product names mentioned in this book are subject to trademark, brand or patent protection and are trademarks or registered trademarks of their respective holders. The use of brand names, product names, common names, trade names, product descriptions etc. even without a particular marking in this work is in no way to be construed to mean that such names may be regarded as unrestricted in respect of trademark and brand protection legislation and could thus be used by anyone.

Cover image: www.ingimage.com

This book is a translation from the original published under ISBN 978-620-2-09567-9.

Publisher:
Sciencia Scripts
is a trademark of
Dodo Books Indian Ocean Ltd. and OmniScriptum S.R.L publishing group

120 High Road, East Finchley, London, N2 9ED, United Kingdom
Str. Armeneasca 28/1, office 1, Chisinau MD-2012, Republic of Moldova, Europe
Printed at: see last page
ISBN: 978-620-7-99133-4

Conteúdo

Prefácio 2

Prefácio 5

Reconhecimento 8

Acrónimos e abreviaturas 10

1. Introdução: 12

2. O Centro de Educação Ambiental (CEE) e o evento nacional Paryavaran Mitra 29

3. Goa ontem e hoje 47

4. Exploração e descoberta do património cultural de Goa 62

5. Explorar e descobrir o património natural de Goa 73

6. Gestão dos ecossistemas costeiros em Goa 95

7. Ecossistemas das florestas de mangue de Goa 105

8. Mergulho na ilha de Chorao 111

9. Dia de sensibilização para os oceanos 117

10. Cerimónia de entrega das medalhas em Kala Kendra 121

11. CONCLUSÃO 124

Anexo A 127

Anexo B 128

Anexo C 130

Selecionar Bibliografia: 131

Prefácio

É com grande prazer que escrevo o prefácio de um livro de viagens intitulado *"Exploring and Discovering Goa: Cultural and Natural Heritage"*, da autoria do Dr. Arambam Sanatomba Singh, professor responsável do W. Manihar Memorial Eco-Club (WMMEC), da Escola Secundária Superior de Nambol, Nambol, Manipur. Como professor responsável e formador principal do Eco-Club, o Dr. Singh prestou serviços valiosos no domínio da ecologia, do ambiente e do desenvolvimento florestal, tendo-se dedicado inteiramente à realização de várias actividades do Eco-Club durante a última década. Em reconhecimento da sua extraordinária supervisão e orientação em várias actividades do Eco-Club, a sua escola foi galardoada com o prémio de *"Melhor Escola de Eco-Club em Manipur"* em 2010 pelo Conselho de Controlo da Poluição de Manipur (MPCB), Governo de Manipur, e a sua escola de Eco-Club foi incluída na lista *"Young in Green Action (Inspiring Success Stories of the National Green Corps)"* publicada pelo Ministério do Ambiente e das Florestas (MoEF), Governo da Índia. Em reconhecimento do seu valioso contributo para um futuro sustentável e para a criação de uma forte consciência ambiental no Estado de Manipur, o Dr. Singh foi também galardoado com o *"State Environment Award"* em 2015 pela Direção do Ambiente, Governo de Manipur. Em reconhecimento dos seus méritos e realizações excepcionais no domínio do ensino, o Dr. Singh recebeu também o *"Prémio Chingu Maichou Khongnangthaba"* em 2017 pela Aliança Democrática dos Estudantes de Manipur (DESAM) e o *"Prémio do Professor do Estado"* em 2017 pela Direção da Educação (Escola), Governo de Manipur. Publicou um livro sobre silvicultura intitulado *"Forestry Development in Manipur: Issues and Challenges" (Questões e desafios)* em 2017.

O presente livro, intitulado *"Exploring and Discovering Goa: Cultural and Natural Heritage"* é um livro de viagens e é a segunda obra do Dr. Singh sobre o ambiente e as florestas. Este tratado está escrito em relatos lúcidos e estilísticos das experiências e dos conhecimentos adquiridos durante a viagem a Goa, no âmbito de um percurso natural. Tal como o título sugere, o livro trata da exploração e descoberta do património cultural e natural de Goa. Goa é um pequeno Estado da costa esmeralda situado nos Ghats Ocidentais da Península Indiana, que formam a maior parte da parte oriental de Goa e que foi reconhecido internacionalmente como um dos pontos críticos de biodiversidade do mundo. Em tempos, foi chamado o

Roma do Oriente, a beleza natural de Goa, o povo hospitaleiro, a sua cultura e os monumentos históricos, igrejas, etc. são os factores comuns que se destacam. De facto, é um lugar de tranquilidade e um grande destino turístico para visitantes de todo o mundo. O Estado de Goa é dotado não só de um rico património cultural, tradições, trajes, rituais, dança e música, etc., mas também de uma surpreendente diversidade biológica com espécies endémicas e raras nos seus habitats naturais. Vale a pena ler todo o texto para compreender os ecossistemas costeiros e conhecer o mundo natural das florestas de mangais de Goa, onde se situa o mundialmente famoso santuário de aves Dr. Salim Ali. Este santuário é uma verdadeira delícia para quem gosta de aves raras e exóticas, *como patos-rabilongos, corvos-marinhos, patos-reais, galinhas-d'água roxas e aves de curso,* juntamente com aves residentes *como garças, águias, drongos, guarda-rios, milhafres, maçaricos, maçaricos-das-rochas, baya (pássaro tecelão), pássaro do sol roxo, pássaros alfaiates, myna de cabeça cinzenta, abibe de cabeça vermelha, abelharuco verde, jacana de cauda faiscante e poupa,* etc. Além disso, com este relato de viagem, qualquer pessoa pode também desfrutar de uma experiência mental através de um mergulho na ilha de Chorao, em Goa, e sentir os sabores do mundo dos oceanos e as delícias das praias marítimas de Goa, onde o mar, a terra e o céu se encontram em harmonia.

Espero sinceramente que este livro possa dar um novo ímpeto aos investigadores e aos estudantes amantes da natureza, que poderão aprofundar o rico património cultural e natural de Goa, que deve ser explorado e descoberto sem fim.

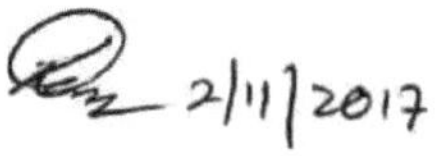

(L. **Radhakishore** Singh)
Presidente

Prefácio

Há muito tempo que tenho o desejo de escrever um livro sobre uma viagem por trilhos na natureza, uma vez que me foi confiado o trabalho das actividades do Eco-Club na minha escola do Eco-Club ao abrigo dos programas do National Green Corps (NGC), catalisado como Agência Nodal pelo Manipur Pollution Control Board (MPCB), Governo de Manipur e patrocinado pelo Ministério do Ambiente e das Florestas (MoEF), agora com o nome de Ministério do Ambiente, das Florestas e das Alterações Climáticas (MoEFCC), Governo da Índia. No âmbito do programa, tive a oportunidade de participar no evento nacional Paryavaran Mitra, em Goa, subordinado ao tema *"Explorar e descobrir Goa"*, organizado pelo Goa Vidyaprasarak Mandal (GVM) e patrocinado pelo Centro de Educação Ambiental (CEE) de Goa, pela R. R. ArcelorMittal India e pelo Ministério do Ambiente e das Florestas, Governo da Índia. A minha experiência e conhecimentos adquiridos com a participação na viagem do Trilho da Natureza durante o Evento Nacional deram-me o ímpeto para escrever este livro de viagens. O objetivo básico por detrás da escrita deste diário de viagem é expor as minhas experiências e conhecimentos adquiridos com a participação na viagem do Trilho da Natureza para explorar e descobrir o rico património cultural e natural de Goa.

Goa é, de facto, um pequeno Estado de cor esmeralda que se estende ao longo da linha costeira dos Ghats Ocidentais da Península Indiana, brilhando com a sua beleza natural e paisagística de margens amenas ensanduichadas pelo Mar Arábico, de um lado, e por coqueiros ondulantes, do outro. Para além da sua rica cultura, tradições, música, dança e monumentos históricos, possui também uma rica biodiversidade. O trabalho de exploração e descoberta do património cultural e natural de Goa pode ser feito das seguintes formas:

1. É possível explorar a rica história de Goa no Museu do Estado de Goa, localizado perto da Estação Rodoviária de Panjim, no Ancestral Goa (também conhecido como Grande Forte) em Loutoulim e no Museu Goa Chitra em Benaulim;

2. Também é possível ser artístico numa galeria do Sunaparanta Goa Centre for the

Arts em Altinho, Panjim; na Galeria de Arte Gitanjali e na Fundação Orientes em Fontainhas;

3.   Pode visitar-se a Casa protuguesa-Goan, a Casa Bragança-Menezes, em Chandor;

4.   É possível descobrir os centros de especiarias de Goa, nomeadamente a Quinta de Especiarias Sahakari em Curti, Ponda e a Plantação de Especiarias Tropicais em Keri, Ponda;

5.   É possível visitar os locais classificados como Património Mundial da UNESCO em Velha Goa, nomeadamente a Catedral de Se, a Bom Baslika de Jesus, as Igrejas de São Caetano, o Arco do Vice-Rei, a Igreja de Santa Catarina, a Igreja de Saligão, o Forte Aguda na Praia de Sinquerim, o Forte Tiracol na foz do Rio Tiracol, o Cabo da Rama em Canacona;

6.   É possível apreciar a beleza dos templos locais na cidade de Ponda, nomeadamente o Templo de Shri Mangueshi e o Templo de Shanta Durga. Por último, é possível procurar os locais culturais intrigantes na Kala Academy (Black Box) em Campal, Panjim e na Biblioteca Central, Panjim;

7.   Também se pode visitar os santuários de vida selvagem de Goa, nomeadamente o santuário de aves do Dr. Salim Ali na ilha de Chorao, o santuário de vida selvagem de Bondla em Mollem, o santuário de vida selvagem de Cotigao em Canacona, o santuário de vida selvagem de Mhadei em Valpoi e o santuário de vida selvagem de Bhagawan Mahaveer, o parque nacional de Mollem, Sanguem e o santuário de vida selvagem de Netravali em Sanguem;

8.   Também é possível explorar os ecossistemas costeiros e mergulhar nas florestas de mangais de Goa na ilha de Chorao; e

9.   Também se pode apreciar a beleza encantadora das praias marítimas de Goa.

No entanto, há também um rico património cultural de Goa para explorar. O presente livro limita-se apenas a desenhar um pouco de orvalho para explorar e descobrir o rico e vasto oceano do património cultural e natural de Goa durante a viagem de 5 dias pelo trilho da natureza.

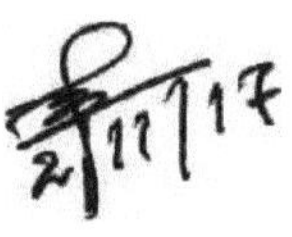

(Dr. Arambam Sanatomba Singh)

Reconhecimento

A informação contida neste livro é o resultado da minha participação no evento nacional Paryavaran Mitra, com a duração de 5 dias, intitulado "Explorar e descobrir Goa", organizado pelo Goa Vidyaprasarak Mandal (GVM) e patrocinado pelo Centro de Educação Ambiental (CEE) de Goa, pela R. R. ArcelorMittal India e pelo Ministério do Ambiente e das Florestas, Governo da Índia. Estou em dívida para com o Dr. Gonchandra Sharma, principal funcionário científico e agência nodal do Conselho de Controlo da Poluição de Manipur (MPCB), Governo de Manipur, por me ter dado a oportunidade de participar no referido evento nacional em Goa e gostaria também de agradecer aos funcionários do Conselho de Controlo da Poluição de Manipur (MPCB), Governo de Manipur, pelos seus valiosos serviços prestados para me fornecerem as informações ilícitas relacionadas com os meus trabalhos. Expresso também os meus sinceros agradecimentos ao coordenador e aos funcionários do Centre for Environment Education (CEE) North East, Guwahati, pela cooperação e orientação dos meus alunos na participação no evento nacional Paryavaran Mitra em Goa.

Os meus agradecimentos especiais vão para a Comissão Organizadora do GVM e para o Coordenador da CEE Goa pela sua cooperação e orientação na exploração e descoberta do rico património cultural e natural de Goa durante os 5 dias do Evento Nacional Paryavaran Mitra em Goa.

O meu agradecimento e gratidão especiais são devidos a Shri L. Radhakishore Singh, Hon'ble MLA, Oinam Assembly Constituency, Bishnupur District, Manipur e Presidente do Manipur Pollution Control Board (MPCB) e do Khadi & Village Industries Board (KVIB), Governo de Manipur, por ter analisado o meu manuscrito e apresentado um magnífico prefácio.

Gostaria de apresentar os meus sinceros agradecimentos a Marina Godovaniuc, Editora, LAP LAMBERT Academic Publishing e à sua equipa, Saarbrucken, Alemanha, por terem assumido a responsabilidade do trabalho de publicação do livro.

Por último, mas não menos importante, a assistência de Shri Kh. Rakesh Singh, Skynet Computer and Stationery, Nambol, pelo seu meticuloso trabalho de DTP do manuscrito.

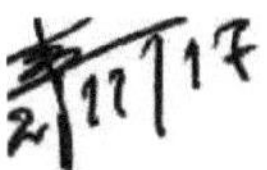

(Dr. Arambam Sanatomba Singh) vi

Acrónimos e abreviaturas

BSI	Botanical Survey of India
CBD	Convention on Biological diversity
CBSE	Central Board of Secondary Education
CEE	Centre for Environment Education
CRZ	Coastal Regulation Zone
DESAM	Democratic Students Alliance of Manipur
DESM	Department of Education in Science and Mathematics
DIMC	District Implementing and Monitoring Committee
EDC	Electric Daisy Carnival
ESD	Education for Sustainable Development
FRP	Fibre-Reinforced Plastic
FSI	Forest Survey of India
GCZMA	Goa Coastal Zone Management Authority
GIM	Green India Mission
GMC	Goa Medical College
GOG	Government of Goa
GOI	Government of India
GVM	Goa Vidyaprasarak Mandal
HTL	High Tide line
ICSE	Indian Council of Secondary
ICZM	Integrated Coastal Zone management
ISFR	India State of Forest
KBBPA	Kaun Banega Bharat Ka Paryavaran Mitra Ambassador

MLA	Manipur Legislative Assembly
MPCB	Manipur Pollution Control Board
MoEF	Ministry of Environment and Forests
MoEFCC	Ministry of Environment, Forests and Climate Change
MSME	Micro, Small and Medium Enterprise
NAPCC	National Action Plan on Climate Change
NCC	National Cadet Corps
NCERT	National Council for educational Research and Training
NEEPS	National Environment Education Programme for Schools
NFD	Nehru Foundation for Development
NGC	National Green Corps
NRM	Natural Resource Management
NSS	National Service Scheme
SAARC	South Asian Association for Regional Cooperation
SSC	State Steering Committee
UNCED	United Nations Conference on Environment and Development
UN DESD	United Nations Decade of Education for Sustainable Development
UT	Union Territory
WMMEC	W. Manihar Memorial Eco-Club

EXPLORAR E DESCOBRIR GOA:
Património cultural e natural

1. Introdução:

Antecedentes:

O presente estudo baseia-se nas experiências adquiridas com a participação de Manipur, na qualidade de Estado responsável, no evento nacional Paryavaran Mitra (2011), organizado pelo Goa Vidyaprasarak Mandal (GVM) como celebração do seu centenário e patrocinado pelo Centro de Educação Ambiental (CEE), ArcelorMittal India e Ministério do Ambiente e das Florestas, Governo da Índia, Nova Deli. O programa Paryavaran Mitra é uma iniciativa do CEE em parceria com o Ministério do Ambiente e das Florestas e a AecelorMittal India.

Paryavaran Mitra, que significa literalmente *"Amigos do Ambiente"*, é um programa de educação para a sustentabilidade que visa criar uma rede de 20 milhões de jovens líderes, de escolas de toda a Índia, com consciência, conhecimentos, empenhamento e potencial para enfrentar os desafios da sustentabilidade ambiental nas suas esferas de influência. O programa Paryavaran Mitra centra-se nos graus 6th a 8th e é uma abordagem de classe ligada ao currículo e reforça a educação ambiental, sugerindo uma abordagem baseada em actividades de sala de aula e projectos de ação.

O Projeto Paryavaran Mitra evoluiu a partir da campanha Kaun Banega Bharat ka Paryavaran Mitra Ambassador (KBBPA) e da campanha CO_2 Pick Right, lançadas em conjunto em 2008, no Dia Mundial do Ambiente, pela então Presidente da Índia, Pratibha Devi Singh Patil.

A campanha da KBBPA consistia em escolher uma pessoa que pudesse ser um modelo a seguir e inspirar tanto os jovens como os idosos a tomarem medidas ambientais positivas. O CO_2

A campanha Pick Right foi dedicada às alterações climáticas e à educação para a sustentabilidade. Esta campanha chegou a 2 lakhs escolas em toda a Índia.

O Dr. A. P. J. Abdul Kalam, na altura Hon'ble antigo Presidente da Índia, foi a escolha esmagadora para se tornar Embaixador de Paryavaran Mitra. O Dr. Kalam aceitou graciosamente e foi felicitado em 9th de dezembro de 2009 por Shri Jairam Ramesh, o então Hon'ble Ministro de Estado (encargo independente), MoEF, Governo da Índia. Neste papel, o Dr. Kalam irá inspirar e motivar todas as crianças deste país a tornarem-se Paryavaran Mitra (*Amigos do Ambiente*).

juramento ambiental

⅛ Como Paryavaran Mitra apercebo-me que cada árvore adulta absorve 20 kg de dióxido de carbono todos os anos através da fotossíntese. Pelo mesmo processo, cada árvore liberta cerca de 14 kg de oxigénio por ano.

⅛ Vou plantar e cuidar de dez árvores, e vou assegurar que os meus pais, as minhas irmãs e os meus irmãos plantem árvores, e que os meus vizinhos também plantem dez árvores cada um. Serei um embaixador da missão das árvores na minha localidade.

⅛ Manterei a minha casa e os seus arredores limpos e utilizarei produtos que sejam biodegradáveis na medida do possível

⅛ Promoverei uma cultura de respeito pelo ambiente, através da reciclagem e conservação da água e de outros materiais recicláveis, tanto em casa como na escola.

⅛ Encorajarei a utilização de energias renováveis na medida do possível.

⅛ Vou sensibilizar as pessoas para a necessidade de preservar o ambiente em minha casa, na minha localidade e entre os meus amigos estudantes.

⅛ Vou empenhar-me na conservação da água, especialmente através da recolha de água da chuva, e espalhar a mensagem na minha família e amigos.

⅛ Quando iniciar uma carreira profissional, tomarei decisões que protejam o ambiente e preservem a biodiversidade.

Dr. A. P.J.Abdul Kalam

O que é o programa Paryavaran Mitra?

Paryavaran Mitra é um programa para estudantes que visa a criação de Paryavaran Mitra (*Amigos do Ambiente*) nas escolas de toda a Índia. Trata-se de um programa de impressão manual orientado para a ação, centrado na educação para a sustentabilidade e as alterações climáticas. O objetivo do Programa Paryavaran Mitra é criar uma rede de jovens em todo o país com conhecimentos, consciência e empenho para enfrentar os desafios da cidadania global e das alterações climáticas.

O que é o Hand Print?

As acções quotidianas dos indivíduos somam-se e têm uma influência global tanto positiva como negativa. O Hand Print é uma medida de ação ambiental positiva - ação que visa diminuir a pegada humana. A pegada é o efeito negativo que deixamos nos recursos globais. A pegada mede o impacto das nossas acções diárias e da forma como vivemos. Tudo o que necessitamos e utilizamos na nossa vida quotidiana implica uma utilização exaustiva de materiais e energia. Este consumo está relacionado com a forma como vivemos, o que compramos e como utilizamos os nossos recursos - por outras palavras, o nosso estilo de vida. Como é que podemos saber a quantidade de materiais e energia que cada um de nós utiliza para manter o seu estilo de vida? A Pegada Ecológica é uma estimativa da área produtiva da terra e da água que é necessária para fornecer os recursos que um indivíduo ou grupo procura e para absorver os resíduos que esse indivíduo ou grupo produz. Cada ser humano que vive tem uma pegada ecológica. A pegada ecológica compara a procura humana com a capacidade ecológica do planeta Terra para se regenerar. Representa a quantidade de área terrestre e marítima biologicamente produtiva necessária para regenerar os recursos que uma população humana consome e para absorver e tornar inofensivos os resíduos correspondentes. Utilizando esta avaliação, é possível estimar quanto da Terra (ou quantos planetas Terra) seria necessário para sustentar a humanidade se todos vivessem um determinado estilo de vida. Para 2005, a pegada ecológica total da humanidade foi estimada em 1,3 planetas Terra - por outras palavras, a humanidade utiliza os serviços ecológicos 1,3 vezes mais depressa do que a Terra os consegue renovar. Todos os anos, este número é recalculado - com um desfasamento de três anos devido ao tempo que a ONU demora a recolher e publicar todas as estatísticas subjacentes.

Quem é um Paryavaran Mitra?

Um Paryavaran Mitra é uma criança, um professor ou qualquer indivíduo que tenha dado os passos da consciência para a ação positiva e que reflicta este compromisso em todos os aspectos da vida. É também alguém que assume um papel de liderança e assume a responsabilidade de promover e iniciar acções de cooperação nas suas esferas de influência, que incluem a casa, a escola, a comunidade e outras.

A ação positiva é o resultado de um processo que pode começar com a tomada de consciência e inclui a aquisição de conhecimentos, o desenvolvimento de valores e atitudes e a aquisição de competências. O processo deve também envolver uma análise crítica das prioridades, hábitos, crenças e valores no que respeita à forma como vivemos e como utilizamos os nossos recursos.

A criança, enquanto Paryavaran Mitra, tem conhecimentos sobre as questões e os desafios globais e locais do ambiente e a capacidade de demonstrar liderança, desenvolvendo-se como um modelo ambiental. Um Paryavaran Mitra compromete-se voluntariamente a fazer avançar a agenda da conservação do ambiente e da atenuação das alterações climáticas nas suas esferas de influência, contribuindo assim para o bem-estar social e ambiental.

Porquê Paryavaran Mitra nas escolas?

A escola é um local onde os alunos passam entre 5 a 8 horas por dia, durante uma média de 200 dias por ano. De facto, é aqui que passam uma parte considerável das suas horas de vigília. O tempo e o espaço escolares proporcionam uma excelente oportunidade não só para a aprendizagem relacionada com o programa de estudos, mas também para o desenvolvimento de competências para a vida através de actividades extracurriculares e não extracurriculares e da interação com os colegas. A escola oferece uma oportunidade estruturada para fazer de cada criança um agente de mudança. E cada criança leva as experiências e a aprendizagem da escola para a sua casa/comunidade. Desta forma, as mensagens e acções do Handprint chegarão a pelo menos 2 milhões de famílias em toda a Índia.

Como é que uma escola pode aderir ao projeto Paryavaran Mitra?

O projeto Paryavaran Mitra está formalmente ligado ao National Green Corps (NGC) e ao National Environment Education Programme for Schools (NEEPS). Uma escola pode aderir ao projeto Paryavaran Mitra das seguintes formas

1.   As escolas que fazem parte do programa National Green Corps (NGC) do Ministério do Ambiente e das Florestas participarão automaticamente neste projeto, através da agência nodal designada.

2.   Os grupos de escolas/redes de escolas podem aderir ao programa contactando o secretariado da Paryavaran Mitra. Para aderir ao programa, é necessário um acordo formal entre a escola/grupo de escolas e o gabinete estatal ou regional do CEE.

3.   As escolas podem aderir ao programa preenchendo o formulário de inscrição em linha disponível em www.paryavaranmitra.in. Uma escola pode também escrever ao Secretariado da Paryavaran Mitra para obter os pormenores da inscrição.

O que é que uma escola deve fazer quando adere ao projeto Paryavaran Mitra?

Uma escola tem de envolver os alunos em actividades orientadas para a ação nas salas de aula, nos Eco-Clubes e em toda a escola, e realizar projectos no âmbito de cinco temas: *Água, Gestão de Resíduos, Energia, Biodiversidade, Cultura e Património*. Os alunos têm de realizar e completar pelo menos uma atividade em cada um dos cinco temas, de entre as actividades que serão realizadas na escola. Os alunos do Eco-Club realizam as actividades em maior profundidade e dedicam mais tempo a elas. Destas actividades, pelo menos uma tem de ser realizada na família ou na comunidade do aluno. Cada escola deve também celebrar pelo menos um Dia do Ambiente. As Escolas/Eco-Clubes devem documentar as actividades realizadas e comunicar as mudanças quantificáveis observadas.

Estrutura do National Green Corps (NGC) e dos Eco-Clubes:

O programa National Green Corps (NGC) foi iniciado em 2001 como um programa de âmbito nacional pelo Ministério do Ambiente e das Florestas, Governo da Índia. É facilitado por 35 agências nodais e 8 agências de recursos. Trata-se de um programa ambicioso destinado a difundir a sensibilização ambiental junto das crianças em idade escolar e a envolvê-las em actividades relacionadas com o ambiente. As crianças são, sem dúvida, o segmento mais importante da nossa população. Não só são o nosso futuro, como também desempenham um papel muito importante na formação das atitudes das suas famílias. O programa tem como objetivo a criação de Eco-Clubes em cerca de 50 000 escolas em todo o país. As crianças em idade escolar, que adeririam voluntariamente a estes clubes, não só receberiam informações teóricas sobre o ambiente, mas também participariam em actividades físicas que as aproximariam da natureza. Terão a oportunidade de observar a natureza, aprender mais sobre a sua diversidade e também sobre a necessidade de manter o seu frágil equilíbrio.

No âmbito do programa NGC, são criados eco-clubes nas escolas de todo o país para motivar e estimular as mentes jovens. Todas as escolas que ministram ensino até ao 12.º ano e que estejam filiadas em qualquer conselho reconhecido são elegíveis para a criação de EcoClubes.

Cada Eco-Clube tem 30-50 crianças interessadas em questões relacionadas com o ambiente. É supervisionado por um professor responsável, que é selecionado na escola com base no seu interesse por questões relacionadas com o ambiente.

Atualmente, o apoio monetário de Rs.2500/- por ano é dado a cada EcoClube para organizar uma variedade de actividades que apoiam a conservação ambiental.

Há também uma proposta para aumentar o apoio monetário de Rs.2500/- para Rs.5000/- por ano para cada Eco-Club.

Cada escola Eco-Club recebe um kit de material de apoio na língua da sua preferência. Seguem-se os materiais de recurso importantes fornecidos pelo CEE às escolas Eco-Club:

1. Sobre a brochura do programa.

2. NGC Master Trainers Manual.

3. NGCCaseStudyBook.

4. Teacher Resource Manual on Sustainability and Climate Change Education (Manual de Recursos para Professores sobre Sustentabilidade e Educação para as Alterações Climáticas) (Língua: 13 línguas indianas, incluindo o inglês).

5. NGOSupportHandbook.

6. Sala de aulaMateriais.

7. Intercâmbio de jovens Adaptação indígena, etc.

Foi criado um Comité Distrital de Implementação e Monitorização (DIMC) para facilitar o programa em cada distrito, incluindo a formação dos professores responsáveis, acções de acompanhamento, monitorização periódica do plano global e implementação. Atualmente, é prestada uma assistência financeira de Rs.25.000/- por ano aos Comités Distritais de Implementação e Monitorização para facilitar o programa.

Um Comité Diretivo Estatal (SSC) dá uma orientação geral à implementação do NGC nos respectivos Estados e Territórios da União, e assegura ligações a todos os níveis. Para além deste desembolso anual, a assistência financeira para a formação de formadores principais, professores responsáveis e distribuição de materiais de recursos é feita para os Estados e Territórios da União com base nas necessidades.

Uma Agência Nodal selecionada pelo Estado facilita e coordena a implementação do programa no Território do Estado/União, incluindo a organização da formação de Formadores Mestres, o acompanhamento das acções, a monitorização periódica da implementação do plano global. Uma assistência financeira de 5 por cento do dinheiro liberado para o Estado-Território da União para Eco-Clubes e Comités Distritais de Implementação e Monitorização é fornecida como despesas administrativas para as Agências Nodais.

Uma Agência de Recursos ajuda a Agência Nodal e os Comités Distritais em cada Estado a implementar o programa de uma forma eficaz. Prestam o apoio técnico necessário para o programa, ajudam a elaborar planos de ação, selecionam materiais de recurso relevantes e fornecem pessoas de recurso para a formação de formadores principais, etc.

No âmbito do programa, um máximo de 250 escolas em cada distrito são escolas do NGC Eco-Club que recebem apoio financeiro no âmbito do programa. Cada Eco-Clube conta com 30 a 50 alunos.

O programa NGC está a ser implementado em todos os Estados e Territórios da União no país. Desde o seu início, foram criados mais de 200 000 Eco-Clubes no país.

Elegibilidade para se candidatar a um Eco-Club:

Qualquer escola reconhecida pelo Governo (estatal, central, UT) e afiliada a um conselho estatutário, incluindo Kendriya Vidyalayas e Navodaya Vidyalayas e todas as outras escolas do Conselho Central do Ensino Secundário (CBSE)/Conselho Indiano do Ensino Secundário (ICSE). Deve ser uma escola de ensino secundário e superior. No entanto, o Comité Distrital, em consulta com a Agência Nodal e o Comité Estatal, pode selecionar escolas primárias superiores nos distritos onde é difícil obter 250 escolas secundárias e escolas secundárias superiores.

A escola deve ter interesse pelas questões ambientais. A experiência no domínio da conservação do ambiente constitui uma vantagem adicional.

Como solicitar a adesão ao Eco-Club?

A agência nodal anuncia o programa nos jornais estatais e/ou distritais, geralmente no início do ano letivo.

A escola interessada deve apresentar a candidatura em papel comum, indicando o nome da escola, o endereço, a direção reconhecida, os níveis dos cursos, a experiência, se for caso disso, na realização de actividades relacionadas com o ambiente e o objetivo da criação do Eco-Clube. A candidatura preenchida deve ser enviada para o respetivo Comité Distrital de Implementação e Monitorização (DIMC), no endereço mencionado no anúncio.

A DIMC selecionará igualmente as escolas NGC com a ajuda da Secretaria de Estado da Educação.

Seleção dos membros do Eco-Club:

Um Eco-Clube tem 30-50 membros estudantes. As crianças interessadas em questões relacionadas com o ambiente tornam-se membros do Eco-Clube.

Seleção do professor responsável:

Um professor

- Quem se interessa por questões ambientais.

- Que tenha realizado actividades com crianças no domínio do ambiente.

- Que seja capaz de motivar os alunos.

- Que seja capaz de planear e realizar actividades ao ar livre com os alunos.

- Quem pode coordenar o programa do Eco-Clube com a comunidade local e a DIMC deve ser selecionado como professor responsável pelo Eco-Clube.

Papel do professor responsável pelo Eco-Clube:

O professor responsável pelo Eco-Clube desempenha um papel fundamental na implementação do projeto. Ele/deve encorajar cada vez mais estudantes a juntarem-se ao Eco-Clube. Deve tomar medidas imaginativas para implementar as actividades sugeridas no programa, que são relevantes para a região. As principais funções do professor responsável pelo Eco-Clube são:

- Reunir os membros do Eco-Clube todas as semanas durante uma hora, pelo menos, e realizar alguma atividade.

- Incentivar os alunos a sugerir actividades para as semanas seguintes e fazer uma lista das mesmas. Fazer os preparativos necessários para a sua execução em consulta com o Diretor/Principal.

- Enviar o relatório mensal de actividades ao Comité Distrital.

* Coordenar com o Comité Distrital a realização de programas comuns a nível distrital.

Seleção de Master Trainers:

Em cada distrito, o DIMC selecionará um ou dois Master Trainers. Estes podem ser escolhidos entre os professores responsáveis das escolas Eco-Club selecionadas. Seriam primeiro formados na capital do Estado. Estes, por sua vez, formariam os professores responsáveis no distrito.

Lista de sugestões de actividades para o Eco-Clube:

* Organizar seminários, debates, palestras e conversas populares sobre questões ambientais na Escola.

* Visitas de campo a sítios importantes do ponto de vista ambiental, incluindo sítios poluídos e degradados, parques de vida selvagem, etc.

* Organizar comícios, marchas, correntes humanas e teatro de rua em locais públicos com o objetivo de difundir a consciência ambiental.

* Actividades baseadas na ação, como a plantação de árvores, acções de limpeza dentro e fora do campus da escola.

* Cultivar hortas, manter fossas de vermicompostagem, construir estruturas de recolha de água na escola, praticar a reciclagem de papel, etc.

* Elaborar inventários das fontes poluidoras e transmiti-los aos organismos de controlo.

* Organizar programas de sensibilização contra a defecação em locais públicos, colar cartazes em locais públicos e propagar hábitos de higiene pessoal como lavar as mãos antes das refeições, etc.

* Manutenção de locais públicos, como parques e jardins, dentro e fora do campus da escola.

* Mobilizar acções contra práticas ambientalmente incorrectas, como a deposição de lixo em locais não autorizados, a eliminação insegura de resíduos hospitalares, etc.

Alguns dos compromissos pessoais e actividades a realizar pelos estudantes do Eco-Club são

1. **Quatro coisas a fazer para tornar o Campus Escolar mais verde:**

S Cultivar um jardim e plantar árvores. As árvores podem ser plantadas durante quase todo o ano. Os meses de monção de dezembro, janeiro e fevereiro são climaticamente mais adequados para a plantação de árvores.

S Manter o infantário escolar.

S Adotar um parque e plantar árvores.

S Adotar uma divisória de estrada, plantar árvores ou arbustos.

2. **Forma de conservar o papel:**

S Escrever nos dois lados da folha. Evitar margens excessivas e uma escrita demasiado ousada.

Ter um quadro negro, um quadro branco ou uma ardósia em casa para fazer trabalhos de casa, revisões e praticar, em vez de usar papel.

S Evitar pratos e copos de papel nas festas do dia do nascimento.

S Evite cartões de felicitações, exceto se forem impressos em papel de trapo ou reciclado.

3. **Como poupar eletricidade?**

S Desligar as luzes e lâmpadas desnecessárias

S Utilizar energia solar em vez de eletricidade.

S Utilizar lâmpadas LED em vez de lâmpadas incandescentes.

4. **Como conservar a água**?

S Fechar as torneiras.

J Reparar as fugas.

J Copo de Filla com água ao escovar os dentes.

Alguns dos compromissos pessoais e actividades a realizar pelo professor responsável do EcoClub para melhorar o ambiente são

J Deve dar um exemplo saudável perante os alunos.

J Deve transmitir informações sobre a poluição ambiental.

J O professor deve familiarizar os alunos com as técnicas de prevenção da poluição.

J Pode organizar conteúdos de declamação, redação de ensaios, concurso de perguntas e respostas, recitação poética, dramatização, jogos ambientais, jogos de contar histórias, etc.

J Poderão ser organizadas excursões pedagógicas para despertar o amor pela natureza.

J Podem ser organizadas funções de plantação de árvores.

J As acções de limpeza são também muito úteis.

J Podem ser organizados concursos de posters.

J Deve ser efectuada a observação dos dias importantes.

Porque é que o evento nacional Paryavaran Mitra se realiza em Goa?

O Estado de Goa é muito rico em recursos naturais e um dos únicos hotspots de biodiversidade do mundo. Possui também um rico património cultural. Consciente do seu património genético de biodiversidade com várias espécies de flora e fauna, bem como do seu património cultural, o Goa Vidyaprasarak Mandal (GVM), no âmbito da celebração do seu centenário, contactou o Centro de Educação Ambiental (CEE) para facilitar a organização do evento nacional Paryavaran Mitra em Goa, com escolas de todo o país, centrado no *"Ambiente"*. O GVM organizou e acolheu o Evento Nacional centrado na Exploração e Descoberta de Goa de 11th a 15th de dezembro de 2011.

O evento nacional Paryavaran Mitra de 5 dias, de 11th a 15th de dezembro de 2011, subordinado ao tema *"Explorar e descobrir Goa"*, contou com a participação de escolas de todo o país que realizaram trabalhos exemplares como Paryavaran Mitra. Neste evento nacional, professores e alunos de 69 escolas, representando 30 Estados e Territórios da União do país, reuniram-se para partilhar e aprender sobre o património natural e cultural de Goa. O Goa Vidyaprasarak Mandal (GVM), que celebra o seu centenário, foi o anfitrião do evento. O evento teve início a 11th de dezembro de 2011 com a chegada dos participantes ao local. Muitos deles viajaram de comboio pela primeira vez. A excitação estava no ar quando os estudantes começaram a partilhar as suas aventuras de viagem e os seus antecedentes.

Sujeet Kumar Dongre, o coordenador estadual da CEE de Goa, juntamente com os membros do comité de trabalho da GVM, fez um bom arranjo para a hospitalidade de todos os participantes no Hotel Atish, Ponda City, Goa. Depois de terminado o registo formal no Hotel Atish, o coordenador estatal da CEE Goa apresentou um relatório sobre a celebração do evento nacional Paryavaran Mitra de 5 dias em Goa. A Dra. Neena, professora da Escola de Formação de Professores da GVM, fez uma agradável palestra sobre a celebração do centenário da GVM.

Como parte do programa de exploração do património cultural de Goa, no primeiro dia à noite do evento nacional de 5 dias em Goa, em 12th dezembro de 2011, houve uma visita ao Templo Nageshwor Rudra e ao Templo Mahalakshmi e Step Wells para compreender e explorar o património cultural local de Goa.

Os participantes foram também formalmente recebidos pelos alunos da Escola Secundária A.J. de Almeida do GVM com um jantar de boas-vindas e um programa cultural em Ponda.

O Sr. Aleixo Sequeira, Hon' ble Ministro do Ambiente, Govt, de Gao inaugurou o Evento Nacional Payavaran Mitra na Escola Secundária A.Jde Almeida, Ponda em 12th dezembro, 2011

No segundo dia do evento nacional de 5 dias em Goa, em 12th de dezembro de 2011, a inauguração formal do evento foi feita pelo Sr. Aleixo Sequeira, Ministro do Ambiente do Governo de Goa e pelo Sr. Sudhir Sinha, Diretor Nacional, CSR e R.R. ArcelorMittal, Índia, e o Sr. Kamalakar Sadhali de Nirmal Vishwa foi o orador principal do evento.

Experiências e aprendizagens adquiridas com o evento nacional Prayavaran Mitra:

Professores e alunos de 69 escolas, representando 30 Estados e Territórios da União do país, participaram no evento nacional Paryavaran Mitra, com a duração de 5 dias, em Goa, de 11th a 15th de dezembro de 2011. O Goa Vidyaprasarak Mandai (GVM), Ponda, no âmbito da celebração do seu centenário, organizou o evento com o objetivo de explorar e descobrir o património natural e cultural de Goa. Para participarem no evento nacional, muitos dos alunos viajaram de comboio pela primeira vez e tiveram a oportunidade de adquirir conhecimentos e experiência através de uma viagem pelo trilho natural até ao famoso Santuário de Vida Selvagem de Bondla e à aldeia de Chorao, onde se situa o famoso Santuário de Aves do Dr. Salim Ali, na ilha de mangais do rio Mandovi. Muitos dos participantes tiveram a oportunidade de apanhar um ferry para chegar à ilha de Chorao Mangrove. Algumas das experiências e aprendizagens notáveis do Evento Nacional Paryavaran Mitra de 5 dias em Goa estão resumidas abaixo:

Durante o evento nacional de 5 dias, os estudantes de diferentes Estados do país tiveram a oportunidade de expor as suas actividades do projeto Paryavaran Mitra implementadas nas suas respectivas escolas do Eco-clube através de fotografias, relatórios e modelos, utilizando apresentações de diapositivos. Os estudantes não só expuseram as suas actividades de projeto de ação, como também interagiram e aprenderam com contemporâneos de diferentes Estados. Os alunos também participaram no concurso de perguntas e respostas baseado no filme de astronomia *"Viagem ao Universo"* no Planetório do GVM, Centro de Ciência, Ponda, e exploraram o céu noturno.

Alunos e professores aprenderam e compreenderam o papel fundamental desempenhado pelas florestas e pelo habitat da vida selvagem com uma visita ao famoso Santuário de Vida Selvagem de Bondla, guiada pelo Range Officer.

Alunos e professores tiveram a oportunidade de experimentar e participar plenamente no Dia de Sensibilização para o Oceano *"Amigos do Oceano"* com várias actividades relacionadas com o ecossistema costeiro. Percurso natural com uma visita à aldeia de Chorao, onde se situa o famoso santuário de aves do Dr. Salim Ali, na ilha de mangais do rio Mandovi, onde os alunos e professores aprenderam muito sobre o ecossistema dos mangais.

Os alunos também tiveram a oportunidade de adquirir conhecimentos sobre o mundo dos oceanos através de várias actividades, como um concurso de desenho, um concurso de perguntas e respostas, a projeção de um filme em 3D sobre a *"Vida nos Oceanos"* e pinturas corporais, onde desenharam várias formas de vida marinha nas suas mãos e rostos e se divertiram no Centro de Ciência de Goa.

Os professores também aprenderam mais sobre a gestão costeira e trocaram opiniões no Fórum de Professores sobre como cada uma das suas actividades como professor/educador tem influência na conservação costeira e o que podem fazer para gerir a Zona Costeira Indiana.

Os alunos e professores visitaram o complexo de igrejas e catedrais classificadas como Património Mundial da UNESCO em Velha Goa, como a Bomba Basílica de Jesus, a Sé Catedral, a Igreja-Convento de Santo Agostinho, a Igreja de Santo Agostinho, etc., e aprenderam sobre a herança portuguesa em Velha Goa. A viagem teve a oportunidade de conhecer a beleza dos templos locais, como o Templo de Shri Mangueshi e o Templo de Shanta Durga na cidade de Ponda.

Intercâmbio cultural através da dança e da música, com actuações dos alunos e dos professores que mostram as diferentes formas culturais e de dança da Índia.

Planeamento do capítulo:

O conteúdo planeado do presente estudo consiste em onze capítulos, incluindo a Introdução como Capítulo 1. O Capítulo Introdutório começa com os antecedentes do presente estudo e dá uma visão geral do Programa Paryavaran Mitra e dos Programas Nacionais de Corpos Verdes. Também apresenta um breve resumo sobre a exploração e a descoberta do património cultural e natural de Goa durante o evento nacional Paryavaran Mitra de 5 dias, organizado pelo Vidyaprasarak Mandal (GVM), Ponda.

O Capítulo 2 apresenta uma breve descrição do Centro de Educação Ambiental (CEE) e dos seus centros regionais, nomeadamente do CEE Nordeste. Também faz um breve relato da participação do CEE Nordeste no evento nacional Paryavaran Mitra em Goa. Destaca igualmente as realizações notáveis dos Eco-Clubes em Manipur, em especial o W. Manihar Memorial Eco-Club (WMMEC), a Escola Secundária Superior de Nambol, Nambol, uma das principais escolas de Eco-Clubes em Manipur.

O capítulo 3 descreve o contexto geofísico de Goa e dá uma ideia das perspectivas históricas de Goa de ontem e de hoje. Destaca igualmente os progressos e as realizações de Goa após a libertação.

O capítulo 4 é dedicado às experiências e à aprendizagem adquiridas durante a exploração e a descoberta do rico património cultural de Goa. A viagem cultural a Goa começou com uma visita às igrejas e ao complexo de catedrais classificadas como Património Mundial da UNESCO em Velha Goa, como a Bom Baslica de Jesus, a Catedral de Se, etc., e aprendeu sobre a herança protuguesa de Goa em Velha Goa. A viagem teve a oportunidade de conhecer a beleza dos templos locais como o Templo Shri Mangueshi e o Templo Shanta Durga na cidade de Ponda.

Chapter 5   apresenta um resumo das experiências adquiridas durante a viagem de reconhecimento da natureza a vários santuários de vida selvagem de Goa. Esta viagem por trilhos naturais dá-nos a oportunidade de explorar e descobrir a rica diversidade biológica de Goa.

Chapter 6   faz uma avaliação dos ecossistemas costeiros de Goa e discute brevemente as abordagens e estratégias de gestão costeira para um futuro sustentável.

Chapter 7   O percurso de Goa é uma breve descrição da natureza das florestas de mangais de Goa. Esta viagem por trilhos naturais permite-nos conhecer o mundo das florestas de mangue de Goa e aprender sobre a importância das espécies de mangue.

Chapter 8   faz um breve relato do mergulho na ilha de Chorao, em Goa, onde se situa o mundialmente famoso Santuário de Aves Dr. Salim Ali, e das experiências de observação de aves e do percurso natural pelo Santuário de Aves Dr. Salim Ali.

Chapter 9   destaca o Dia da Consciencialização dos Oceanos celebrado no Centro de Ciência de Goa, juntamente com uma exposição de fotografias e uma exposição de borboletas e experiências do mundo dos oceanos e da vida marinha na praia marítima de Miramar.

Chapter 10   apresentação das experiências e dos conhecimentos adquiridos durante o evento nacional Paryavaran Mitra, que teve a duração de 5 dias, em Goa, na função de vitória, com programas de interação e de feedback entre os estudantes participantes no Kala Kendra (Black Box), Miramar.

Chapter 11   é a parte final do estudo que apresenta um breve resumo das experiências e conhecimentos adquiridos através da participação no Evento Nacional Paryavaran Mitra sobre Exploração e Descoberta de Goa.

2. O Centro de Educação Ambiental (CEE) e o evento nacional Paryavaran Mitra

O Centro de Educação Ambiental (CEE), Ahamedabad, é uma instituição nacional criada em 1984, como um Centro de Excelência e apoiada pelo Ministério do Ambiente e das Florestas, Governo da Índia e associada à Fundação Nehru para o Desenvolvimento. O principal objetivo do CEE é criar uma consciência ambiental entre as crianças, os jovens, os decisores e a comunidade em geral. O seu principal objetivo é promover o desenvolvimento sustentável, melhorando a sensibilização do público e a compreensão das questões ambientais e de desenvolvimento. Para atingir estes objectivos, a CEE desenvolve programas e materiais inovadores e testa a sua validade e eficácia no terreno. O principal objetivo é desenvolver modelos que possam ser adaptados às condições locais. O CEE trabalha em cerca de 20 áreas de ação e a gestão de catástrofes é uma das principais iniciativas do centro. Seguem-se as principais áreas de trabalho das actividades do CEE, que incluem

> Crianças e escolas

> Jovens e universitários

> O contexto urbano

> Indústria

> Ligação em rede

> Formação

> Meios de comunicação social

> NRM para as zonas rurais

> Interpretação

> Experimentar a natureza

> Tomadores de decisão

A CEE criou Gabinetes Regionais e Estaduais para uma coordenação mais eficaz e para atender às necessidades de EE em diferentes partes do país. Os seus programas são facilitados através de 40 Gabinetes Regionais, Estaduais e de Projeto localizados em todo o país. Os Centros Regionais da CEE são os seguintes, a saber

> TheCEEDelhi

> CEE West, Thaltej Tekra, Ahamedabad

> A CEE Norte, Lucknow

> O CEE North East, Guwahati

> The CEE Central, New D.P. Road, Pune

> A CEE Sul, Bangalore

> O CEE Leste, Bhubaneshwor

A Célula do Nordeste do Centro de Educação Ambiental (CEE) e o Evento Nacional Paryavaran Mitra em Goa:

O CEE North East, localizado em Chenikuthi, Guwahati, é uma célula regional do Centre for Environment Education (CEE), Ahamedabad, criado em 1984 e apoiado pelo Ministério do Ambiente e das Florestas (MoEF), Governo da Índia, e afiliado à Nehru Foundation for Development (NFD). A CEE North East, ao longo dos anos, construiu uma sólida base de recursos de materiais sobre o ambiente na língua local. O Gabinete Regional ocupa-se das actividades nos Estados de Arunachal Pradesh, Assam, Manipur, Meghalaya, Mizoram, Nagaland, Sikkim e Tripura.

As principais áreas de actividades desenvolvidas pela CEE North East são

> Educação para crianças

> EE no ensino superior

> Sistema de exame para EE

> Educação para Jovens

> Comunicar através dos meios de comunicação social

> Experienciar a Natureza

> EE através da interpretação

> Gestão do conhecimento para o desenvolvimento sustentável

> Iniciativas do sector

> Desenvolvimento rural sustentável

> Água e saneamento

> Desenvolvimento urbano sustentável

> Gestão de resíduos

> Preparação para catástrofes e reabilitação

> EE para as zonas frágeis

> Conservação da Biodiversidade

> Eco-turismo

> Formação, criação de redes e reforço de capacidades

> Facilitar as iniciativas das ONG e da comunidade

> Iniciativas para a UN DESD

> Investigação em EE e ESD

O CEE North East tomou a iniciativa de participar no evento nacional Paryavaran Mitra sobre a exploração e a descoberta de Goa de 11th a 15th de dezembro de 2011. Para o efeito, o CEE Nordeste, Guwahati, já tinha selecionado um aluno de cada uma das duas escolas e um responsável estadual de cada um dos oito Estados irmãos do Nordeste, incluindo Sikkim. O programa teve início em 11th de dezembro de 2011 com a reunião de 13 estudantes e 6 responsáveis dos Estados do Nordeste, exceto Arunachal Pradesh e Nagaland, na cidade de Ponda, em Goa. A equipa do Nordeste foi orientada pelos representantes da CEE Nordeste.

Ashwuni Laishram & Loitongbam Bidyasagar Singh, estudantes do Estado de Manipur, no CEE North East Guwahati Office em 6th dezembro, 20U.

O evento nacional Paryavaran Mitra de 5 dias, de 11th a 15th de dezembro de 2011, subordinado ao tema *"Explorar e descobrir Goa"*, contou com a participação de escolas de todo o país que realizaram trabalhos exemplares como Paryavaran Mitra. No referido evento nacional, professores e alunos de 69 escolas, representando 30 Estados e Territórios da União, reuniram-se para partilhar e aprender sobre o património natural e cultural de Goa. O Goa Vidyaprasarak Mandal (GVM), que celebra o seu centenário, foi o anfitrião do evento. Tudo começou no dia 11th de dezembro de 2011 com a chegada dos participantes ao local do evento. Muitos deles viajaram de comboio pela primeira vez. A excitação estava no ar quando os estudantes começaram a partilhar as suas aventuras de viagem e os seus antecedentes.

Para participarem no evento nacional Paryavaran Mitra em Goa, todos os professores e estudantes de 6 Estados do Nordeste reuniram-se no CEE North East Office, Guwahati, em 6th dezembro de 2011. Apenas 13 estudantes representando os Estados do Nordeste participaram no referido evento nacional. Todos os participantes ficaram alojados na LUIT Guest House, em Guhawati. Como parte do evento nacional, o responsável pelo programa da CEE Nordeste conduziu um programa de orientação sobre as actividades do projeto Paryavaran Mitra, relatórios e fotografias realizados pelos participantes do Nordeste nas instalações da CEE Nordeste.

A viagem para participar no Evento Nacional Paryavaran Mitra em Goa, a Equipa do Nordeste começou a 7th dezembro de 2011 de comboio para Goa e chegou à estação ferroviária de Howrah a 8th dezembro de 2011 e teve a oportunidade de passar algumas horas no Sampath Niwas (uma unidade da Meghalaya Government-Travel Pvt. Ltd., Howrah Station). Entretanto, toda a equipa do Nordeste visitou o Jardim Botânico, em Howrah, e pôde ver a maravilhosa Grande Árvore Banyan que cresce no Jardim Botânico.

O autor, na qualidade de Chefe de Estado, Manipur, em frente à Grande Árvore Banayan no Jardim Botânico da Índia, em Howrah, em 8th de dezembro de 2011.

O autor, na qualidade de Chefe de Estado, Manipur, em frente ao Hotel Atish, Ponda, Goa, em 11th de dezembro de 2011.

Os Jardins Botânicos Indianos são mais famosos pela Grande Árvore Banyan, que se orgulha de ter a maior copa do mundo. É também conhecido como o Jardim Botânico Indiano Acharya Jagdish Chandra Bose. O jardim está situado no lado Howrah do rio Hoogly e fica a cerca de 12 km a oeste do centro da cidade de Calcutá, em Shibpur. É vulgarmente conhecido como *Jardim Botânico de Calcutá* e, anteriormente, como *Jardim Botânico Real* de Calcutá. Foi originalmente fundado em 1786 pelo Coronel Kyd da Companhia das Índias Orientais, contendo cerca de 12 000 plantas vivas espalhadas por 109 hectares e mais de dois milhões e meio de espécimes de plantas secas no herbário, recolhidas de todo o mundo. Está sob a alçada do Botanical Survey of India (BSI) do Ministério do Ambiente e das Florestas, Governo da Índia. Este é o mais antigo de todos os jardins botânicos da Índia. Foi a partir destes jardins que se desenvolveu o chá atualmente cultivado em Assam e Darjeeling. Encontram-se aqui árvores das mais raras espécies, provenientes do Nepal, Brasil, Penang, Java e Sumatra. Há árvores de Mahagony imponentes, uma avenida de palmeiras cubanas e uma casa de orquídeas. As mangueiras e os tamarindos sombreiam os relvados. Este ambiente etéreo é ideal para a diversão, a festa e as brincadeiras. Existe um lago serpenteado onde é possível andar de barco (www.bgci.org/garden).

A principal atração do Jardim Botânico da Índia é a colossal e extensa figueira-de-bengala com 250 anos de idade, conhecida como *"Grande Figueira-de-bengala"* (também conhecida como *Ficus Bengalhensis*), que forma a segunda maior copa do mundo. O jardim é muito popular entre fotógrafos, cientistas e académicos. Depois de conhecer a maravilhosa figueira-de-bengala de 250 anos e a sua grandeza floral cultivada no mundialmente famoso Jardim Botânico da Índia, em Howrah, a equipa do Nordeste deixou a estação ferroviária de Howrah à meia-noite do dia 8th de dezembro de 2011. Finalmente chegaram a Goa a 11th de dezembro de 2011 e todos os participantes ficaram alojados no Hotel Atish, em Ponda City.

Durante os 5 dias do evento nacional Paryavaran Mitra em Goa, a equipa do Nordeste foi liderada e orientada pelos representantes da CEE Nordeste. São eles:

1. Bijoy Sankar Goswami, responsável pelo programa.

2. Bijay Lakshmi, Associado do Programa.

3. Sameer Dutt, Associado do Programa.

4. Sandeep, Associado do Programa.

Os 6 professores que se seguem participaram no evento nacional Paryavaran Mitra em Goa, na qualidade de encarregados de educação:

1. Sandeep, responsável pelo Estado, Assam.

2. Dr. Arambam Sanatomba Singh, responsável pelo Estado, Manipur.

3. Julfikar Mondal, responsável pelo Estado, Meghalaya.

4. Lalthanmawii (Tetei), Chefe de Estado, Mizoram.

5.   Arunkumar Rai, Chefe de Estado, Sikkim.

6.   Pradip Dey, Chefe de Estado, Tripura.

Os seguintes 13 estudantes dos Estados do Nordeste participaram no evento nacional Paryavaran Mitra em Goa:

1.   Dhyanyati Sarma, Modern English School, Bikashnagar, Khalipuri, Assam.

2.   Summoni Chetia, Dhemaji Govt. Girl's High School, Dhemaji, Assam.

3.   Sungwdan Narzary, Hindustani Kendriya Vidyalaya, Guwahati, Assam.

4.   Ashwuini Laishram, St. George High School, Wangkhei, Manipur.

5.   Loitongbam Bidyasagar Singh, The Sanatombi Oriental English High School, Kumbi, Manipur.

6.   Ajharud-din Miya, Jawaharlal Nehru Hr. Sec. School, Phulbari, Meghalaya.

7.   Sam Lalhrvaia, Synod Hr. Sec. School, Aizol, Mizoram.

8.   Easther, Govt. Republic High School, Ramhlun, Mizoram.

9.   Khabir Chettri, Govt. Sec. School, Yukson, West Sikkim.

10.   Samir Pradhan, Govt. Sr. Hr. Sec. School, Bertam, West Sikkim.

11.   Ashis Rai, Escola Secundária Governamental, Rong, Sikkim do Sul.

12.   Abdul Matalim, Dr. B.R. Ambedkar Vidya Bhavan, Artia, Agartala, Tripura.

13.   Sri Sundipta Dey, Krishnapur Hr. Sec. School, Krishnapur, Dharmanagar, Tripura.

Programa Paryavaran Mitra e Eco-Clubes em Manipur:

O conceito de Eco-Club foi concebido pelo Ministério do Ambiente e das Florestas, Governo da Índia, como uma componente da Campanha de Sensibilização para o Ambiente (1986). A Mãe Natureza cuida de todos os seres vivos e plantas. No entanto, se houver um ataque ao ambiente, todo o sistema ficará em perigo. Para que haja um sentimento de unidade com a natureza, os alunos, na sua tenra idade, devem receber uma formação mental. Embora este assunto já esteja incluído nos manuais escolares, considera-se desejável fazer esforços práticos especiais através da criação de um Eco-Clube.

O Projeto Paryavaran Mitra está em sinergia com o Programa NGC e o calendário de eventos NGC para realizar formações e workshops para professores e estudantes. Este projeto também visa reforçar o programa NGC através da capacitação dos professores e dos recursos para a realização dos projectos de ação.

Os Eco-Clubes em Manipur foram iniciados em 2004 pelo Conselho de Controlo da Poluição de Manipur (MPCB), na qualidade de agência nodal, e patrocinados pelo Ministério do Ambiente e das Florestas, Governo da Índia, no âmbito do programa National Green Corps (NGC). Os principais objectivos do programa NGC são os seguintes

> Fazer com que as crianças compreendam o ambiente e os problemas ambientais.

> Proporcionar oportunidades de educação ambiental às crianças em idade escolar.

> Utilizar a posição única das crianças em idade escolar como canais de sensibilização para a sociedade em geral.

> Facilitar a participação das crianças na tomada de decisões em domínios relacionados com o ambiente e o desenvolvimento.

> Colocar as crianças em contacto direto com os problemas ambientais que a sociedade em que vivem enfrenta e levá-las a pensar em soluções.

> Envolver as crianças em programas de ação relacionados com o ambiente nas suas imediações.

Na continuação do programa NGC, o programa Paryavaran Mitra foi iniciado em 2010 para acções ambientais através de Eco-Clubes em escolas de todo o país. A primeira fase do programa Paryavaran Mitra tem uma duração de três anos, de 2010 a 2013. Há cinco temas principais do programa de ação Paryavaran Mitra Hand Print, centrados na educação para a sustentabilidade e as alterações climáticas: *água, gestão de resíduos, energia, biodiversidade, cultura e património.*

Com base nestes temas, os Eco-Clubes de Manipur participaram em acções ambientais através de 1.750 escolas Eco-Clubes com mais de 6.000 alunos membros do EcoClub. Entre estes Eco-Clubes, o EcoClube W. Manihar Memorial, Escola Secundária Superior de Nambol é a principal escola Eco-Clube em Manipur e recebeu *o prémio de melhor escola Eco-Clube de 2010*. Este Eco-Clube foi também incluído na lista" *Young in Green Actions" (Inspiring Stories from the National Green Corps)* publicada pelo Ministério do Ambiente e das Florestas (MoEF), Governo da Índia, Nova Deli, no âmbito do Programa National Green Corps (NGC).

O W. Manihar Memorial Eco-Club num relance:

O W. Manihar Memorial Eco-Club (WMMEC), com 50 estudantes membros do Eco-Club, foi criado em 2004 na Escola Secundária Superior de Nambol, em Nambol, Manipur, Índia, em homenagem ao falecido Shri Wahengbam Manihar Singh, ex-diretor da antiga Escola Secundária de Nambol, sob a égide do Conselho de Controlo da Poluição de Manipur (MPCB), na qualidade de agência nodal, e com o apoio do Ministério do Ambiente e das Florestas, Governo da Índia. A Nambol High School é uma das escolas mais antigas do distrito de Bishnupur, em Manipur. Foi criada pela população rural em 6th de fevereiro de 1931. Nessa altura, funcionava como Middle English School gerida por um comité privado local e, mais tarde, passou a ser uma escola secundária superior de nível superior a partir de 8th julho de 1987.

Natureza das actividades do Eco-Clube:

O tema principal deste Eco-Clube é manter o campus da escola arrumado e limpo durante todo o ano e tornar o campus da escola mais verde durante todo o ano através da realização de várias actividades do Eco-Clube. Algumas das principais áreas de actividades do Eco-Clube realizadas pelo W. Manihar Memorial Eco-Club desde a sua criação são

> Construção de Mini Parque Ecológico e Eco-Jardim a partir de 21st janeiro de 2005.

> Ação de limpeza/Programa de acampamento do NSS em colaboração com a Ala

do NSS e a Ala do NCC da escola.

> Trabalhos de plantação a) Culturas arbóreas (incluindo árvores de fruto); b) Plantas medicinais; c) Culturas hortícolas e d) Flores, etc.

> Programa de conferências e de interação sobre questões ambientais (poluição ambiental, florestas e outros temas relacionados com o ambiente e a ecologia, etc.).

> Observância de dias mundiais importantes relacionados com o ambiente e as florestas e assuntos afins.

> Demonstração de jogos ambientais.

> Demonstração da preparação de fossas de compostagem.

> Construção de ninhos em vasos de barro para aves no cimo das árvores, acolhendo as aves selvagens no seu ninho.

> Construção de bancos de madeira/bambu à sombra das árvores.

> Concurso de Redação/Quiz sobre o tema relacionado com as questões do Ambiente e das Florestas.

> Expedição de trekking e excursão ecológica em colaboração com a ala NCC.

> Participação nos eventos estatais e nacionais organizados pelo Manipur Pollution Control Board e pelo Centre for Environment Education.

> Participou na Missão Swachh Bharat e na campanha Swachhta Pakhwada.

> Publicação do Boletim Trimestral do Eco-Clube a partir do 3rd Trimestre de 2004 (julho-setembro, 2004, Vol. l, No. 1.).

> Publicação do relatório anual de progresso, relatórios de projeto, etc.

A história de sucesso do Eco-Clube W. Manihar Memorial:

No âmbito das actividades do Eco-clube, os alunos membros do W. Manihar Memorial Eco-Club construíram um Mini Parque Ecológico e um outro Jardim Ecológico dentro do campus da escola, que se tornaram um modelo de centro de ensino-aprendizagem sobre o ambiente e a ecologia para os alunos. No âmbito do programa Paryavaran

Mitra, o W. Manihar Memorial Eco-Club da Escola Secundária Superior de Nambol, Manipur, já tinha empreendido e concluído três projectos Parayavaran Mitra sobre (i) *"Gestão dos resíduos sólidos no Conselho Municipal de Nambol"* e *(ii) "Avaliação económica das plantas medicinais de Manipur: A Case Study of the Mini-Ecological Park and Eco-Garden, W. Manihar Memorial EcoClub, Nambol Higher Secondary School, Nambol, e (iii) "Conservation of Natural Resources in the Sacred Groves of Manipur with reference to Umang Lai Haraoba"* sob a orientação e supervisão do Dr. Arambam Sanatomba Singh, professor responsável do WMMEC, Nambol Higher Secondary School, Nambol, Bishnupur District, Manipur.

Mini Parque Ecológico construído pelo Eco-Clube W. Manihar Memorial, Escola Secundária Superior de Nambol, Nambol, em 21st setembro de 2008.

Eco-jardim construído pelo Eco-Clube W. Manihar Memorial, Escola Secundária Superior de Nambol, Nambol, em 21st setembro de 2008.

Situado na Escola Secundária Superior de Nambol, no distrito de Bishnupur, no Estado de Manipur, o Mini-Parque Ecológico e Jardim Ecológico construído pelo Eco-Clube W. Manihar Memorial, Escola Secundária Superior de Nambol, Nambol, Manipur, está a atrair um grande número de abelhas e aves e alberga uma variedade de plantas e flora local. st Foi construído pela primeira vez numa área de 1932 pés quadrados em 21 de janeiro de 2005 como um mini parque ecológico modelo. Mas foi subjugado pelo recém-construído edifício Pucca de dois andares da escola. Consequentemente, foi reconstruído, ocupando uma área de 7200 pés quadrados, em 21st de setembro de 2008. Com a inspiração e o apoio do Dr. Arambam Sanatomba Singh, responsável e mestre formador do Eco-Clube W. Manihar Memorial, da Escola Secundária Superior de Nambol, Nambol, Manipur, a equipa do Eco-Clube desenvolveu este mini-parque ecológico e um jardim ecológico. A construção destes parque e jardim foi iniciada com o objetivo de conservar a flora local. Atualmente, o parque e o jardim estão a servir para os professores ensinarem aos alunos a flora local, a sua importância e a sua conservação, em ligação com o seu currículo. Os alunos das oito escolas circundantes também visitam a Escola Secundária Superior de Nambol, Nambol, todos os domingos, para participarem na formação NCC ministrada pela NCC Wing, Escola Secundária Superior de Nambol, 14 (Bn) Imphal, Manipur e participarem em várias actividades de manutenção destes miniparque e jardim.

O Mini Parque Ecológico foi construído em 25th de janeiro de 2005. Começou por ser vedado com varas de bambu para proteger as mudas plantadas na área. Os alunos do Eco-Club plantaram então as mudas de *Aloé Vera* e *Teca* (*Tectona Grandis*). Também recolheram mudas de várias plantas com flores locais à volta das suas casas e plantaram-nas no parque e no jardim. Desde então, a atividade de plantação é realizada todos os anos pelos alunos do Eco-Clube. Os alunos plantam diferentes tipos de variedades de flores sazonais, colhem os produtos como flores, mondam e regam as plantas no parque e no jardim. Os alunos também colocaram ninhos no topo das árvores para atrair a população de insectos e aves.

Os professores e estudantes do WMMEC também realizaram uma experiência interessante de cultivo de *curcuma* (*Curcuma Longa*), uma importante espécie de planta medicinal. No ano académico de 2006-07, obtiveram 14 kg de açafrão em pó a partir do rizoma da planta de açafrão. A cúrcuma em pó foi vendida no mercado local a Rs.60⁄- por kg (agora é Rs.100 a 120⁄- por kg) e o dinheiro ganho (Rs.670 excluindo a moagem e outros pequenos encargos) foi utilizado para adquirir mais mudas para o Mini-Parque Ecológico. Esta história de sucesso motivou a equipa do Eco-Club a cultivar gengibre e uvas no mini-parque como uma pequena atividade comercial. O dinheiro desta atividade será investido de novo no Parque para o seu melhoramento.

A energia da equipa do Eco-Clube é tão elevada que a equipa estendeu a sua atividade ecológica para fora do campus da escola. Os alunos estão ocupados a plantar flores e árvores de fruto na avenida que conduz às estradas de acesso à escola e na colina de Changningkhombi, situada a cerca de meio quilómetro da escola. Estes esforços da equipa do Eco-Club fizeram com que a Escola Secundária Superior de Nambol ganhasse o estatuto de escola modelo. O Departamento de Educação (Escola) do Governo de Manipur está impressionado com as iniciativas ambientais adoptadas pela escola no distrito de Bishnupur.

Esta iniciativa projecta um exemplo em que o jovem corpo verde, com a boa orientação e o apoio do professor responsável, pode criar uma instalação verde para a escola, que pode ser utilizada como ferramenta educativa para benefício de muitos alunos dentro e fora da escola. Os alunos da escola apreciam realmente a lufada de ar fresco no parque que criaram. Esta atividade contribuiu para a Missão Índia Verde (GfM), um dos 8 Planos de Ação Nacionais para as Alterações Climáticas (NAPCC) (G0f, 2009).

Os alunos do WMMEC também realizaram o projeto de ação Paryavaran Mitral sobre a identificação de plantas medicinais, utilizações na medicina popular e avaliação económica intitulado *"Economic Valuation of Medicinal Plants of Manipur: A Case Study of the Mini-Ecological Park and Eco-Garden, the W. Manihar Memorial EcoClub, Nambol Higher Secondary School, Nambol (w. e. f. 31st December to 31st December, 2012) " que foi documentado no Paryavaran Mitra Newsletter:16-30 April, 2013, Vol.31 (www.paryavaranmitra.org.in).*

Realizações notáveis do professor responsável:

O Dr. Arambam Sanatomba Singh tem prestado serviços como Professor Responsável do W. Manihar Memorial Eco-Club (WMMEC), Escola Secundária Superior de Nambol e Mestre Formador do National Green Corps (NGC) e realizou ativamente várias actividades ambientais durante as últimas décadas através do Eco-Club no âmbito do Programa Nacional do Green Corps e dos Projectos Paryavaran Mitra. Desde 2004, tem sido o editor-chefe do boletim trimestral *"the Paryavaran Mitra Eco-Club Bulletin"*. Recentemente, foi publicado um livro intitulado *"Forestry Development in Manipur: Issues and Challenges"* foi publicado em 2017 e ele também contribuiu com uma série de artigos em revistas nacionais e internacionais.

Em reconhecimento da sua iniciativa e apoio e dos seus contributos para as actividades de conservação ambiental levadas a cabo pelo Dr. Arambam Sanatomba Singh como Professor Responsável do WMMEC, por ocasião da celebração do Dia Mundial do Ambiente em 5th de junho de 2011, o W. Manihar Memorial Eco-Club (WMMEC), a Escola Secundária Superior de Nambol, recebeu o *Prémio de Melhor Escola Eco-Club 2010,* atribuído pelo Conselho de Controlo da Poluição de Manipur (MPCB),

O professor responsável, W. Manihar Memorial Eco-Club, Nambol Hr. Sec. School, Nambol, recebeu o prémio BestEco-Club Schools Award 2010 do Presidente do Conselho de Controlo da Poluição de Manipur (MPCB), por ocasião do Dia Mundial do Ambiente de 2011.

Em reconhecimento do seu valioso contributo para um futuro sustentável no Estado de Manipur e para a criação de uma forte consciência ambiental no Estado de Manipur, o Dr. Arambam Sanatomba Singh, professor responsável pelo WMMEC, Escola Secundária Superior de Nambol, Nambol, recebeu o *Prémio Estadual do Ambiente 2015,* juntamente com um *Certificado de Apreciação* da Direção do Ambiente, Governo de Manipur, por ocasião do Dia Mundial do Ambiente, em 5th de junho de 2015.

O Professor Responsável WMMEC, Escola Secundária Superior de Nambol recebeu o Prémio Ambiente-2015.

Em reconhecimento dos seus feitos notáveis no campo do Tambi Takpiba (Ensino), o Dr. Arambam Sanatomba Singh, Vice-Diretor e Professor Responsável do WMMEC, Escola Secundária Superior de Nambol, Nambol, recebeu o ***Prémio Chingu Maichou Khongnangthaba 2017,*** juntamente com um ***Certificado de Proficiência*** e um Prémio em Dinheiro de Rs. 5.000/- pela Aliança Democrática de Estudantes de Manipur (DESAM), na sua 15.ª Celebração do Dia da Fundação[th] , em 3rd de janeiro de 2017.

O vice-diretor e professor responsável do WMMEC, Escola Secundária Superior de Nambol, recebeu o Prémio Chingu Maichou Khongnangthaba-2017.

Recebeu também o prestigiado *Prémio Estatal para Professores 2017,* juntamente com uma *menção e um prémio em dinheiro de 10 000 rupias,* conferido pela Direção da Educação (Escola), Governo de Manipur, em reconhecimento público dos seus valiosos serviços de mérito excecional no domínio do ensino em 5th de setembro de 2017 (Dia do Professor).

O Vice-Diretor e o Professor Responsável do WMMEC, Escola Secundária Superior de Nambol, receberam o Prémio Estatal para Professores -2017.

Publicações Eco-Club:

Desde a sua criação em 2004, o W. Manihar Memorial Eco-Club publicou vários relatórios anuais e relatórios de projectos.

1.   *Paryavaran Mitra Eco-Club Bulletin (Quarterly) w. e. f. 3rd Quarter of 2004 (July - September, 2004 Vol. 1, No. 1) onwards.*

2.   *Relatório de progresso do W. Manihar Memorial Eco-Club (WMMEC), Escola Secundária Superior de Nambol, Nambol (para o período de 1st janeiro de 2005 a 30th setembro de 2007).*

3.   *Relatório do projeto sobre a gestão de resíduos sólidos no Conselho Municipal de Nambol, 2008, realizado pelos estudantes membros do Eco-Club.*

4.   *Relatório de progresso do W. Manihar Memorial Eco-Club (WMMEC), Escola Secundária Superior de Nambol, Nambol (de 1st de janeiro a 31st de dezembro de*

2011).

5. *Relatório sobre o Evento Nacional Paryavaran Mitra sobre Exploração e Descoberta de Goa (de 11th a 15 de dezembro de 2011).*

6. *Relatório sobre as actividades do Paryavaran Mitra Eco-Club do W. Manihar Memorial Eco-Club, Escola Secundária Superior de Nambol, Nambol (a partir de P^t janeiro de 2009 a 30th abril de 2012).*

7. *O relatório do projeto sobre "Valorização económica das plantas medicinais de Manipur: A Case Study of the Mini-Ecological Park and Eco-Garden, W. Manihar Memorial Eco-Club, Nambol Higher Secondary School, Nambol (w. e.f. 31st Decemberto 31st December, 2012).*

8. *Relatório do projeto sobre a "Conservação dos recursos naturais nos bosques sagrados de Manipur com referência a Umang Lai Haraoba" (de 31st de março de 2016 a 31st de março de 2017).*

Participação da equipa de Manipur no evento nacional Paryavaran Mitra em Goa:

O Eco-Clube W. Manihar Memorial, Escola Secundária Superior de Nambol, foi selecionado de entre as escolas de Eco-Clubes de Manipur para participar no Evento Nacional Parayavaran Mitra de 5 dias sobre Exploração e Descoberta de Goa pelo Conselho de Controlo da Poluição de Manipur (MPCB), de acordo com as orientações da CEE Nordeste. Em reconhecimento das suas realizações notáveis em várias actividades do Eco-Clube, o Dr. Arambam Sanatomba Singh, professor responsável do EcoClube W. Manihar Memorial, da Escola Secundária Superior de Nambol, teve a oportunidade de participar no *Evento Nacional Paryavaran Mitra sobre "Explorar e descobrir Goa"* na cidade de Ponda, em Goa, em 2011, pelo Conselho de Controlo da Poluição de Manipur, sob o patrocínio da CEE Nordeste. No referido evento nacional, o W. Manihar Memorial EcoClub representou o Estado de Manipur sob a orientação e supervisão do Dr. A. Sanatomba Singh juntamente com dois estudantes, nomeadamente, (1) Ashwuini Laishram, St. George High School, Wangkhei, distrito de Imphal West e (2) Loitongbam Bidyasagar Singh, The Sanatombi Oriental English School, Kumbi, distrito de Bishnupur de Manipur. O Dr. A. Sanatomba Singh, professor responsável e formador principal do W. Manihar Memorial Eco-Club (WMMEC), Escola Secundária Superior de Nambol, liderou os dois estudantes como Estado responsável pela participação no evento nacional Paryavaran Mitra, juntamente com professores e estudantes de 69 escolas representando 30 Estados e Territórios da União do país, em Goa, de 11th a 15th de dezembro de 2011.

Para a equipa de Manipur, a viagem do programa começou quando os três participantes partiram de Imphal para Guwahati de autocarro, a 5th de dezembro de 2011, e chegaram à CEE North East, Guwahati, a 6th de dezembro de 2011. A equipa de Manipur ficou também alojada na LUIT Guest House, em Guwahati, juntamente com os outros participantes dos Estados do Nordeste.

À noite, a equipa de Manipur participou no programa de orientação de professores e estudantes dos Estados do Nordeste sobre os relatórios do projeto Paryavaran Mitra, fotografias e actividades realizadas durante o último ano.

Em 7th de dezembro de 2011, a equipa de Manipur juntou-se à equipa do Nordeste para participar no evento nacional Paryavaran Mitra em Goa e partiu de Guwahati para Goa de comboio em 7th de dezembro de 2011, tendo chegado a Goa em 11th de dezembro de 2011 e participado plenamente na exploração e descoberta do património cultural e natural de Goa.

3. Goa ontem e hoje

Cenário geofísico de Goa:

Goa é um pequeno Estado costeiro de cor esmeralda situado na costa ocidental da península indiana. É geralmente conhecido como *"Roma do Oriente"*, com uma área geográfica total de 3.702 quilómetros quadrados, constituindo 0,11% da área total do país. Situa-se entre as latitudes 14^0 53 N-$15^{,0}$ 40, N e entre as longitudes 73^0 -40E a 74^0 21, E (GOI, 2015). Fisiograficamente, o Estado de Goa é constituído por três faixas estreitas, a saber, a faixa costeira, o planalto médio e as terras altas. As terras altas constituem a extensão máxima de floresta, que se situa nas zonas dos Ghats Ocidentais, quase paralelas à costa ocidental da península. Os Talukas mais densamente povoados de Salcete, Tiswadi e Bardez têm uma área florestal praticamente insignificante, enquanto o Talukas de Sanguem encabeça a lista em termos de extensão de florestas. Assim, o Estado de Goa insere-se em duas zonas fisiográficas, ou seja, os Ghats ocidentais e as planícies costeiras. Trata-se de um terreno parcialmente montanhoso, com os Ghats Ocidentais a elevarem-se a quase 1 200 metros nalgumas partes do Estado. A norte, corre o rio Terekhol, que separa Goa de Maharashtra, a sul, o distrito de Canara do Norte de Karnataka, a leste, os Ghats Ocidentais e, a oeste, o Mar Arábico.

As ondas verde-azuladas do Mar Arábico que lavam os pés verdejantes dos Ghats Ocidentais, no meio de um brilho apelativo e de uma cintilação suave de adoráveis areias prateadas e de um sol brilhante, são uma das principais atracções de Goa, que proporciona uma visão agradável e feliz aos turistas de todo o mundo. Os centros turísticos mais importantes são as praias de Colva, Calangute, Vagator, Baga, Harmal, Anjuna e Miramar; a Basílica do Bom Jesus e as Igrejas da Sé Catedral em Velha Goa; os templos de Kavlem, Mardol, Mangueshi e Bandora; os fortes de Aguda, Terakhol, Chapora e Cabo de Rama; as cascatas de Dudhsagar e Harvalem e a estância balnear do lago Myem. O Estado de Goa possui ricos santuários de vida selvagem, nomeadamente Bondla, Cotigao, Molem e o santuário de aves do Dr. Salim Ali na ilha de Chorao, com uma área total de 354 km2

A ilha de Chorao, em Goa, situa-se entre a foz dos rios Mandovi e Zuari, ligados em terra por um riacho. A ilha tem a forma de um triângulo, com um topo em forma de promontório rochoso que divide o porto de Goa em duas partes - Aguda, na foz do Mandovi, a norte, e Marmugao ou Marmagao, na foz do rio Zuari, a sul. Os rios Mandovi e Zuari são os dois principais rios que constituem a linha de vida de Goa, com origem nos Ghats Ocidentais e que seguem a fronteira sul até se juntarem ao Mar Arábico. Panaji, Margao, Vasco, Mapusa e Ponda são as principais cidades de Goa.

O mapa de fluxo 3.1 mostra o mapa físico de Goa:

Mapa 3.1 Mapa físico de Goa

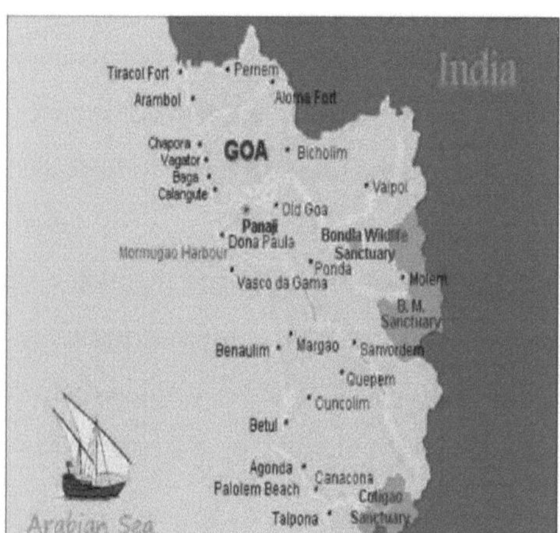

Fontes: www.goaenvis.nic.in

Clima de Goa:

Situada entre o Mar Arábico, a oeste, e as montanhas da monção, os Ghats Ocidentais, a leste, Goa goza de um clima tropical com uma temperatura média que varia entre $16,2^0$ C e $36,7^0$ C. A precipitação média anual registada é de 3.790 mm. As monções cobrem o Estado de junho a setembro. Tal como no resto do país, as monções são forças vitais para a população e a fauna do Estado de Goa.

A ilha de Goa situa-se entre a foz dos rios Mandovi e Zuari, ligados em terra por um riacho. A ilha tem a forma de um triângulo, com um topo em forma de promontório rochoso que divide o porto de Goa em duas partes - Aguda, na foz do rio Mandovi, a norte, e Marmugão, na foz do rio Zuari, a sul. Os rios Mandovi e Zuari são dois rios principais que constituem as linhas de vida de Goa, com origem nos Ghats Ocidentais e que seguem a fronteira sul até se juntarem ao Mar Arábico. Panaji, Margao, Vasco, Mapusa e Ponda são as principais cidades de Goa.

O mês de maio é o mais quente em Goa, com uma temperatura média de 30^0 C (86^0 F) e o mês mais frio é janeiro, com 2^0 C (77^0 F). A temperatura média no Estado de Goa varia entre $16,2^0$ C e $36,7^0$ C (www.http Vmakemytrip .com).

No Estado de Goa, o padrão de precipitação anual ao longo das duas últimas décadas é muito irregular e a precipitação nos últimos anos tem sido inferior à precipitação média anual de 3.790 mm. Embora o Estado tenha um enorme potencial hídrico garantido, uma grande percentagem dos recursos hídricos é drenada, devido à configuração fisiográfica de Goa, e acaba por se juntar ao Mar Arábico. Esta situação resulta num desequilíbrio acentuado entre o abastecimento de água e a sua disponibilidade durante os diferentes meses do verão e da estação das monções. De acordo com a avaliação da Comissão Central da Água (CMC), os recursos hídricos de Goa estão estimados em 8 570 milhões de metros cúbicos (www.goaenvis.nic.in/water).

Perspectivas históricas de Goa:

Goa, conhecida antigamente como *Gomanchala, Gopa Kapattan, Gopa Kapuri, Gorapuri, Gomantak,* etc., é rica em património histórico, cultural e natural. Os primórdios da história de Goa são obscuros.

A Goa de ontem era um pequeno território com uma grande história, conhecido como *Zindibur,* cerca de 600 a.C. As pessoas eram pagãs, pagãs e alguns nestorianos com a sua escrita em língua vernácula. Mais tarde tornou-se Gomanchala, Govapuri e finalmente "Goa" no mapa do mundo.

Posteriormente, fez parte do grande império de Ashoka no século 3rd , antes da era cristã. No entanto, é mais certo que no século 3rd d.C. No primeiro século da era cristã,

Goa fazia parte do *Império Satavahana*, seguido pelo *Kadamba*. A sua capital situava-se em Chandrapur, a atual aldeia de Chandor, até à época de Guhalla-Deva (980-1005).

Jayakeshi I tinha a sua capital em Gopaka-Pattana, que mais tarde foi reduzida à atual aldeia de Goa Velha, à medida que as lutas religiosas entre os hindus e os maometanos se tornavam cada vez mais ferozes.

Em 1366, Goa foi incorporada no reino de Vijaynagar e era governada apenas pelos goeses. Seguiram-se os *Rashtrakutas de Malkhed*, os *Chalukyas* e os *Silharas*. [th]O império dos *Yadavas*, no final do século XIV, foi desalojado pelos *Khiljis* de Deli e, em seguida, o domínio muçulmano chegou a Goa. Em 1470, caiu novamente nas mãos dos Mussalmans, rei de Bijapur, durante este tempo, a cidade de Goa Velha foi destruída, e a capital foi transferida para a atual Velha-Goa e continuou até 1510.

Após a descoberta do caminho marítimo para a Índia por Vasco-de-Gama em 1498, muitas expedições portuguesas chegaram à Índia. Em 1510, a 25th de novembro, Goa foi reconquistada pelos portugueses, sob o comando de Afonso de Albuquerque, com a ajuda do imperador de Vijayanagar, e permaneceu nas mãos dos

O *Estado Português da Índia* foi o primeiro país a ser criado pelo *Governo Português* durante 451 anos, ou seja, de 1510 a 1961, sendo oficialmente conhecido como "*Estado Português da Índia*". "É constituído por três pequenos recintos na costa ocidental da Índia - distantes uns dos outros e organicamente dependentes da Presidência de Bombaim. São eles Goa, Damão e Diu. Goa, que é o mais importante, situa-se na costa do Konkan e tem uma superfície de 2.099,2 quilómetros quadrados. É uma faixa de terra separada do interior pela cordilheira alta dos Ghats Ocidentais. Tem um comprimento de 100,8 km e um fôlego médio de 32 a 40 km.

Damão, com o território destacado de Nagar Haveli, situa-se na costa de Gujarat e tem uma área de 21,4 quilómetros quadrados.

Por último, Diu, que é uma pequena ilha no extremo sul da península de Kathiwar, tem uma superfície de apenas 22,4 quilómetros quadrados.

Durante este período, um príncipe que se tinha transformado em padre, pouco conhecido como S. Francisco de Xavier, chegou a Goa em 1542 para difundir o cristianismo, ajudando os indigentes. Devido às suas constantes mudanças de lugar para lugar, negligenciando a sua própria saúde, morreu numa ilha solitária de *Sancian* a 3rd de dezembro de 1552. Proclamado santo conhecido em todo o mundo, os seus restos mortais de S. Francisco Xavier são venerados como protetor dos goeses e patrono de todas as missões da Igreja Católica. Por isso, pessoas de diferentes credos visitam Goa por curiosidade da fama espalhada em diferentes países. Com a chegada do padre jesuíta Francisco Xavier, em 1542, iniciou-se o proselitismo em Goa. No entanto, não conseguiram satisfazer as aspirações do povo goês.

Apesar de várias tentativas de conquista de poder: Bloqueio holandês durante 3 anos; domínio britânico durante 15 anos; revoltas internas, invasão de Sambhaji (1779); etc., diferentes lutas pela liberdade, *Satyagrahas* e, finalmente, em 19th de dezembro de 1961, Goa foi libertada pela Operação Vijay sob o comando do Major-General K.P. Candeth e transformada num Território da União composto por Damão e Diu. Em 30 de[th] maio de 1987, foi conferido a Goa o estatuto de Estado e Damão e Diu foram transformados num Território da União separado.

O major-general K. P. Candeth foi o governador militar durante os primeiros seis meses ou até à instalação do ministério popular com o seu primeiro ministro-chefe, D. B. Bandodkar. Posteriormente, vários outros Ministros-Chefes prestaram juramento ao Governo através de um processo eleitoral natural ou derrubando-se uns aos outros.

Goa em Marcha:

Goa esteve sob o domínio português de 25th de novembro de 1510 a 19th de dezembro de 1961 e era oficialmente conhecido como *"Estado Português da Índia"*. "Goa foi libertada do domínio português em 19th de dezembro de 1961 e em 30th de maio de 1987 foi-lhe conferido o estatuto de Estado. Goa é o 25th Estado do país. Goa, que foi libertado do domínio português em 19th de dezembro de 1961, estava naturalmente muito atrasado em relação a outros Estados da Índia no que diz respeito ao desenvolvimento. O Governo Central comprometeu-se a fazer de Goa um Estado progressista, prestando toda a assistência financeira necessária.

Hoje, 56 anos após a sua libertação, orgulha-se de estar ao lado dos outros Estados progressistas da Índia.

Origem da etnia de Goa:

O konkani é a língua materna de todos os goeses, tanto hindus como cristãos, e é a língua oficial do Estado. É falado na Índia numa área de 11.270 km2 que se estende muito para além de Goa. A língua konkani falada pelos cristãos de Goa tem uma diferença notável em relação à língua dos hindus, uma vez que é muito influenciada pelos portugueses no seu vocabulário. No entanto, durante o domínio colonial português, o konkani foi em grande parte suprimido e, no domínio da educação, especialmente para os hindus, o marati desempenhou um papel importante. Existe uma minoria muito pequena de descendentes de portugueses, a maioria dos quais de ascendência mista e falantes de português, que são sobretudo instruídos e seguem a escrita *Devanagari* e *latina* para comunicar. Os filólogos modernos chamam-lhe *Gomantaki*, por pertencer a *Gomantak*, o antigo nome de Goa, o principal local de origem da língua, para que não seja confundido com um dialeto Marathi, como é erradamente feito. Pela sua gramática e vocabulário, assemelha-se mais ao sânscrito do que ao marata e é também muito semelhante às línguas do Norte da Índia, como o bengali. O konkani do Norte, o kudali, que é falado tão rapidamente como o malwan e o devagad, é influenciado pelo kanarês.

O povo goês é muito hospitaleiro e desfruta de todos os momentos da vida. Vivem a vida que desejam e não são influenciados por quaisquer factores materialistas. O povo de Goa segue a sua própria religião e crenças. Durante o domínio português, o seu exército e os zeladores religiosos destruíram os templos da região e converteram ao cristianismo a maior parte dos não-cristãos da região.

População de Goa:

A população do Estado de Goa é de 1,46 milhões de habitantes (Censo Populacional de 2011), o que representa 0,12% da população do país. Desta população, 37,83% são rurais e 62,17% são urbanos. A densidade populacional é de 394 pessoas por quilómetro quadrado. A população de animais vivos é de 0,18 milhões (Recenseamento da Pecuária 2007).

Agricultura:

A agricultura, que dependia sobretudo da misericórdia dos Deuses da chuva, obtém atualmente os maiores produtos, com a construção de grandes barragens em Salaulim, Anjune, Tillari, etc. O arroz é a principal cultura alimentar, sendo também cultivadas leguminosas, ragi e outras culturas alimentares. As principais culturas de rendimento de Goa são o coco, a castanha de caju, a areca, a cana-de-açúcar e frutos como o ananás, a manga e a banana. Os agricultores têm a sorte de poderem utilizar as técnicas agrícolas modernas, que permitem que as suas terras sejam aradas durante todo o ano. Foi concedido um preço de apoio de 5 000 rúpias por tonelada na venda da colheita de arroz a agências designadas. Foram lançadas instalações de irrigação para 700 agricultores dos sectores estatal e central para a abertura de poços, instalação de conjuntos de bombas, sistema de aspersão, irrigação gota a gota, etc. Foi igualmente lançado o projeto especial *"Jalkund"* para a recolha de águas pluviais (GI, 2016).

Uma vista da plantação de coqueiros em Goa.

Uma mulher de Goa a cultivar legumes.

Formação académica:

A taxa de alfabetização atingiu mais de 58% graças aos esforços sistemáticos e científicos desenvolvidos logo após a libertação. Para além das escolas primárias em todas as aldeias, mesmo nos locais mais remotos, a taxa de inscrição é de 99%. No que respeita ao ensino superior, tem a sua própria universidade, a Universidade de Goa

(GU), que é a primeira do seu género (GOI, 2016).

Indústria:

O Estado de Goa é rico em minerais industriais como o ferro, o manganês, a bauxite, o calcário, a dolomite, etc. Além disso, existem depósitos de argilas refractárias, areias limoníticas, areia de sílica, quartzo, grafite, etc. Uma fábrica mecanizada foi instalada por uma empresa privada e está a funcionar desde 1959. O porto está a ser desenvolvido para receber navios de diferentes capacidades. O ferro e o manganês são transportados em barcaças desde o ponto de carga até ao porto de Marmagao através de dois grandes rios, sendo este o meio de transporte mais barato. Com estes ricos recursos minerais,

Goa tem uma série de indústrias de pequena, média e grande escala com institutos técnicos e zonas industriais em todos os Talukas, empregando milhares de jovens com formação. O Estado tem mais de 7.110 unidades industriais de pequena escala e 20 zonas industriais. Iniciou o processo de criação de uma bio-incubadora com a ajuda da Universidade de Goa. A fim de promover Goa como destino de biotecnologia, foi efectuado um desembolso de 593 lakhs para o EDC ao abrigo do Rojagar Yojana do Ministro-Chefe. O Estado simplificou o procedimento de registo das micro, pequenas e médias empresas (MPME) (GOI, 2016).

Indústria da pesca:

Sendo uma zona costeira, a principal ocupação da população de Goa é a pesca. A pesca é um componente importante da dieta básica dos goeses, a seguir ao arroz. São também capturados numerosos tipos de peixe ao largo da costa de Goa e nos seus rios. Caranguejos, lagostas, camarões, medusas, ostras e peixes-gato constituem algumas das capturas piscícolas. Toda a faixa costeira de 105 km. A faixa costeira de 105 km e os cursos de água interiores, lagoas e lagos produzem cerca de 70 000 toneladas de peixe, graças aos esforços combinados dos pescadores tradicionais e de mais de 1 500 arrastões mecanizados. O peixe assume um significado especial para o Estado, uma vez que 90% da população se alimenta de peixe. A pesca é um sector importante no Estado, proporcionando emprego e meios de subsistência a cerca de 1,00 lakh de pessoas. Foi prestada assistência financeira a cerca de 200 beneficiários para a compra de motores fora de borda, redes de arrasto, embarcações de madeira FRP, etc. 5 500 pessoas abrangidas pelo regime de acidentes de grupo e outras 4 500 pelo regime de seguro geral (GOI, 2016).

Portos:

Mormugao é o principal porto do Estado de Goa. Mormugao movimenta navios de carga. Existem portos menores em Panaji, Tiracol, Chapora, Betual e Talpona, dos quais Panaji é o principal porto operacional. Um cais offshore em Panaji foi recentemente colocado em funcionamento.

Recursos hídricos:

Com a entrada em funcionamento de barragens como Salaulim e Anjunem e outros projectos de irrigação menores, a área irrigada está a aumentar de forma constante. O potencial total de irrigação criado por estes projectos é de 43 000 hectares, tendo sido libertada água do projeto Tillary para as estações de tratamento de água de Chandel e Assonara. Foram adoptadas medidas contra a erosão marítima ao longo das praias numa extensão de 7,33 km e construídas 128 bandharas para armazenamento de água. Estão em curso trabalhos de construção de 29 bandharas. O Governo introduziu um sistema de recolha de águas pluviais no telhado e iniciou os trabalhos do projeto de hidrologia com a ajuda do Ministério dos Recursos Hídricos da União (GOI, 2016).

Indústria mineira:

A exploração mineira tem sido um elemento muito importante na história económica da Goa moderna e uma fonte significativa de divisas para o Estado. Recentemente, foi designada como um sector a par do turismo. Esta indústria foi o motor que impulsionou a economia dos Talukas mineiros.

A exploração mineira em Goa concentra-se sobretudo em quatro Talukas, nomeadamente Bicholim, no distrito de Goa Norte, e Salcete, Sanguem e Quepem, no distrito de Goa Sul. Goa tem 90 minas operacionais espalhadas ao longo dos Ghats Ocidentais numa área de 150 a 200 km2. As minas de Goa estão autorizadas a produzir

60 milhões de toneladas de minério por ano. O rácio de escavação em Goa é de 1:3 (por cada tonelada de minério, são extraídas três toneladas de solo), o que significa que a extração de minério levaria à extração de 180 milhões de toneladas de solo por ano. A maior parte das minas legais e ilegais situa-se em zonas florestais. Até 2002-03, foram concedidas em Goa cerca de 400 licenças de exploração mineira, abrangendo aproximadamente 30 325 hectares, o que corresponde a quase 8% da área geográfica total do Estado. No total, existem 334 concessões mineiras, das quais 82 estavam em funcionamento durante o período de 2009-10 (Civil Services Chronicle Environmental Issues, 2012). O número de minas está a aumentar todos os anos, especialmente nos últimos anos, tendo registado um crescimento significativo no Estado de Goa. A indústria mineira tem sido um elemento muito importante na história económica de Goa.

Turismo:

Goa é, de facto, um lugar de tranquilidade e um excelente destino turístico para visitantes de todo o mundo. O turismo é o desenvolvimento mais significativo do ano pós-libertação. É a componente mais importante da economia do Estado e desempenha um papel fundamental no desenvolvimento socioeconómico do Estado. De facto, diz-se que o turismo de Goa é a espinha dorsal da economia de Goa. A beleza natural, o povo hospitaleiro, a sua cultura e os monumentos históricos são os factores comuns que se destacam. Atrai tanto turistas estrangeiros como nacionais, que proporcionam emprego à população goesa. Os centros turísticos mais importantes são *as praias de Coiva, Calangute, Vagator, Baga, Harmal, Anjuna e Miramar; as igrejas da Basílica do Bom Jesus e da Sé Catedral em Velha Goa; os templos de Kavlem, Mardol, Mangueshi e Bandora; as florestas de Aguada, Terekhol, Chapora e Cabo de Rama; as cascatas de Dudhsagar e Harvalem e a estância do lago Mayem.* O Estado possui ricos santuários de vida selvagem, nomeadamente Bondla, Cotigao, Molem e o santuário de aves do Dr. Salim Ali na ilha de Chorao, com uma área total de 354 quilómetros quadrados. O Estado começou com 2 lakh turistas na década de 1970 e, em 2003, o tráfego turístico aumentou para 20 lakhs. Aumentou para 63 lakhs em 2016 e registou 9,05,506 lakhs de chegadas de turistas em 31st

março de 2017 (GOG, Departamento de Turismo), como mostra o Quadro 3.1:

Quadro 3.1

Fluxos de tráfego turístico em Goa

Ano	Doméstico	estrangeiro	Total	Variação em %
1985	6,82,545	92,667	7,75,212	-
1986	7,36,548	97,533	8,34,081	7.6
1987	7,66,846	94,602	8,61,4483	3.3
1988	7,62,859	93,076	8,54,935	-0.7
1989	7,71,013	91,430	8,62,443	0.9
1990	7,76,993	1,04,330	89,81,323	2.2
1991	7,56,786	78,281	8,35,067	-5.6
1992	7,74,568	1,21,442	8,96,010	7.3
1993	7,98,576	1,70,658	9,69,234	8.2
1994	8,49,404	2,10,191	10,59,595	9.3
1995	8,78,487	2,29,218	11,07,705	4.5
1996	8,88,914	2,37,216	11,26,130	1.7
1997	9,28,925	2,61,673	11,90,598	5.7
1998	9,53,212	2,75,047	12,28,259	3.2
1999	9,60,114	2,84,298	12,44,412	1.3
2000	9,76,804	2,91,709	12,68,513	1.9
2001	11,20,242	2,60,071	13,80,313	8.8
2002	13,25,296	2,71,645	15,96,941	15.7
2003	17,25,140	3,14,357	20,39,497	27.71
2004	20,85,729	3,63,230	24,48,959	20.1
2005	19,65,343	3,36,803	23,02,146	-6.0
2006	20,98,654	3,80,414	24,79,068	7.7
2007	22,08,986	3,88,457	25,97,443	4.6
2008	20,20,416	3,51,123	23,71,539	-9.5
2009	21,27,063	3,76,640	25,03,703	5.5
2010	22,01,752	4,41,053	26,44,805	5.6
2011	22,25,002	4,45,935	26,70,937	0.98
2012	23,37,499	4,50,530	27,88,029	4.20
2013	26,29,151	4,92,322	31,21,473	10.68
2014	35,44,634	5,13,592	40,58,226	30.01
2015	47,56,422	5,41,480	52,97,902	30.54
2016	56,50,061	6,80,683	63,30,744	19.50
2017 (até março)	5,99,419 (P)	3,06,087 (P)	9,05,506	-

Nota: P-Provisional

Fontes: Departamento de Turismo, Governo de Goa.

As praias marítimas de Goa cobrem cerca de 125 km da sua costa. Estas praias estão divididas em Goa Norte e Goa Sul. O Norte de Goa é mais comercial e turístico, com uma abundância de alojamentos turísticos de baixo e médio orçamento, enquanto o Sul de Goa é onde se situam a maioria dos hotéis de luxo e as praias privadas. Uma exceção notável é a praia de Palolem, que dispõe de alojamento básico e é uma das praias mais visitadas de Goa.

O mapa 3.2 seguinte mostra as principais praias marítimas de Goa que atraem visitantes de várias partes do país:

MAPA **3.2 PRAIAS MARÍTIMAS DE GOA**

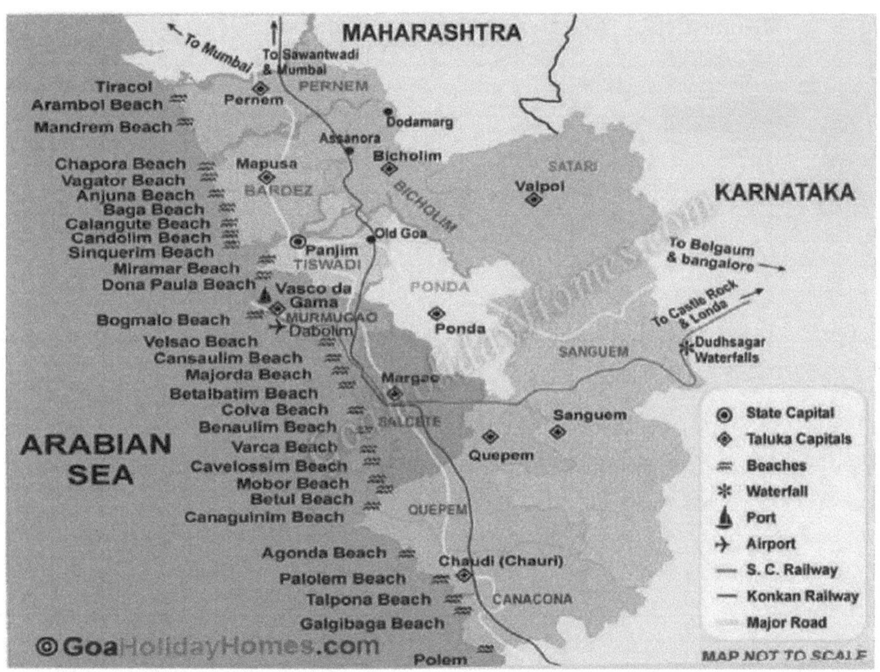

Para além destes locais de turismo natural, existem também outros fortes históricos com atracções turísticas, nomeadamente *o Forte de Alorna*, em Pernem Taluka; *o Forte de Chapora*, situado na colina da aldeia de Chapora, que oferece uma vista deslumbrante da praia de Arambol, à direita, e da praia de Vagator, à esquerda; *o Forte de Tirakol*, majestosamente situado à direita do rio Tirakol, num terreno de alguns metros quadrados no sudoeste do Estado de Maharashtra, mas que ainda pertence ao Estado de Goa. Atualmente, o forte é utilizado como *"estância turística"* para os turistas e os veraneantes que desejam isolamento. Por outro lado, há também um bom número de edifícios arquitectónicos no Estado de Goa que têm importância turística.

O edifício que outrora foi o importante centro educativo de graduação portuguesa *"Liceu Nacional Afonso de Albuquerque"*, hoje ocupado pelo Tribunal Superior de Bombaim, mantém a sua arquitetura original. Outra bela casa pertenceu à *Alfândega de Goa*, atualmente ocupada pela Alfândega e Impostos Especiais sobre o Consumo, cuja manutenção é financiada pelo Governo Português para proteger a sua arquitetura original. [th]*A "Ponte do Patto"*, do século XVII, ainda se mantém forte para fazer face ao aumento do tráfego atual. Para mencionar alguns edifícios arquitectónicos de Goa, podemos citar *o Colégio de St. Paul; a Escola Médica de Goa*, que foi o hospital mais antigo da Ásia; *a Igreja do Santo Rosário; a Capela do Monte* em Velha Goa; a *Torre do Sino da Basílica do Bom Jesus*; o *"Pulpitr"* na Basílica do Bom Jesus, que é um trabalho requintado; Um *Cenotáfio* que é um tributo à memória do generoso mecenas que deixou um legado para custear a construção da Basílica do Bom Jesus; a estátua de *Afonso de Albuquerque* na Praia de Miramar virada para o Mar Arábico que foi retirada e que atualmente se conserva no Museu de Arqueologia de Velha Goa (Estibeiro, C. M., 2004).

Recursos hídricos:

Com a entrada em funcionamento de barragens como Salaulim e Anjunem e outros projectos de irrigação menores, a área irrigada está a aumentar de forma constante. O potencial total de irrigação criado por estes projectos é de 43 000 hectares, tendo sido libertada água do projeto Tillary para as estações de tratamento de água de Chandel e Assonara. Foram adoptadas medidas contra a erosão marítima ao longo das praias numa extensão de 7,33 km e construídas 128 bandharas para armazenamento de água. Estão em curso trabalhos de construção de 29 bandharas. O Governo introduziu um sistema de recolha de águas pluviais no telhado e iniciou os trabalhos do projeto de hidrologia com a ajuda do Ministério dos Recursos Hídricos da União (GOI, 2016).

Transporte:

Goa está ligada por estradas, mar, ar e comboio e é acessível a todas as partes do país e do resto do mundo. Com a construção das principais pontes sobre os rios Mandovi, Zuari e Chapora, que ligam o Norte ao Sul na autoestrada nacional n.º 4 e n.º 17, o pequeno Estado de Goa pode ser atravessado por estrada de Norte a Sul num máximo de 4 horas de viagem (GOI, 2016).

Indústria mineira:

A exploração mineira tem sido um elemento muito importante na história económica da Goa moderna e uma fonte significativa de divisas para o Estado. Recentemente, foi designada como um sector a par do turismo. Foi o gatilho para impulsionar a economia dos Talukas mineiros.

A exploração mineira em Goa concentra-se sobretudo em quatro Talukas, nomeadamente Bicholim, no distrito de Goa Norte, e Salcete, Sanguem e Quepem, no distrito de Goa Sul. Goa tem 90 minas operacionais espalhadas ao longo dos Ghats Ocidentais numa área de 150 a 200 km2. As minas de Goa estão autorizadas a produzir 60 milhões de toneladas de minério por ano. O rácio de escavação em Goa é de 1:3 (por cada tonelada de minério, são extraídas três toneladas de solo), o que significa que a extração de minério levaria à extração de 180 milhões de toneladas de solo por ano. A maior parte das minas legais e ilegais situa-se em zonas florestais. Até 2002-03, foram concedidas em Goa cerca de 400 licenças de exploração mineira, abrangendo aproximadamente 30 325 hectares, o que corresponde a quase 8% da área geográfica total do Estado. No total, existem 334 concessões mineiras, das quais 82 estavam em funcionamento no período de 2009-10 (Civil Services Chronicle Environmental Issues, 2012). O número de minas está a aumentar todos os anos, especialmente nos últimos anos, tendo registado um crescimento significativo no Estado de Goa. A indústria mineira tem sido um elemento muito importante na história económica de Goa.

Arte e cultura:

As formas culturais atualmente existentes em Goa são uma semelhança de várias nações, regiões, castas e credos adoptados pelas pessoas que amam a cultura de Goa ao longo dos tempos. *Mando* e *Dekhni* são as únicas danças-canções populares de origem goesa.

O Estado de Goa tem a distinção de ter obtido a certificação ISU 9001-2000 através da

Direção das Artes e da Cultura, que enquadra as políticas culturais do Estado. Criação da Academia Tiatr de Goa. Estão a ser aplicados vários regimes, como o Kala Sanman e o Kalakar Kritadnyata Nidhi, para ajudar os artistas e promover as actividades culturais. Foram concedidas subvenções a 139 instituições que trabalham no domínio das artes e da cultura. Foi instituído o prestigioso prémio *"Gomant Vibhushan"* para personalidades goesas com reconhecimento mundial. Foi inaugurada a biblioteca distrital de Margao. Os trabalhos de modernização do Rajiv Gandhi Kala Mandir em Ponda estão quase concluídos. Trata-se de um bom local para programas sociais e culturais na cidade de Ponda. Também estão a ser construídos novos auditórios e escolas de dança e teatro. O Governo empreendeu o projeto Ravindra Bhavan em Sakuli e Vasco.

Saúde:

A faculdade de medicina, com as suas instalações médicas avançadas, está à disposição da população, tanto nas zonas rurais como nas zonas urbanas. O Governo de Goa construiu um novo centro de saúde" Yatri Niwas" para os familiares dos doentes internados na Faculdade de Medicina de Goa (GMC) e criou um novo bloco médico na GMC com 450 camas. Lançou um novo programa de controlo da diabetes, para além de fornecer insulina aos doentes diabéticos a título gratuito, criou um centro de reabilitação neurológica na GMC para o tratamento de crianças especialmente deficientes; introduziu unidades móveis de mamografia para a deteção rápida do cancro da mama; registou cerca de 14 Rogi Kalyan Samitis. Em 2009-2010, o Governo de Goa alargou o subsídio de assistência médica a 1 405 doentes, num montante de 16,41 milhões de rupias. A fim de prestar cuidados dentários à porta das pessoas, foi adquirida uma carrinha dentária móvel. Foi também melhorado um laboratório de próteses (GOI, 2011).

4. Explorar e descobrir o património cultural de Goa

Introdução:

A cultura é um conjunto de valores e pressupostos adoptados coletivamente. Manifesta-se através de tradições e expressões orais, artes performativas, práticas sociais, rituais e eventos festivos, conhecimentos e práticas relativos à natureza e ao artesanato tradicional. O património inclui as línguas, os mitos, as histórias, as tradições e as práticas que reflectem o espírito dos povos e das suas comunidades. A cultura e o património oferecem-nos a sabedoria e o discernimento necessários para orientar as acções em prol de uma vida sustentável.

A cultura está intrinsecamente ligada ao ambiente, à ecologia e à sociedade - os três pilares da Educação para o Desenvolvimento Sustentável. Está ligada à sustentabilidade porque está ligada aos meios de subsistência, à aprendizagem intergeracional, à equidade e às questões de género.

As escolhas de desenvolvimento feitas afectam a cultura e o património de muitas formas. Por conseguinte, é importante compreender e reconhecer a importância da cultura e do património na formação do nosso presente e futuro. É necessário promover uma maior compreensão e respeito mútuos pelas diferentes culturas e tradições.

O Estado de Goa é dotado de um património cultural muito rico. O património cultural de Goa floresceu e tornou-se conhecido em todo o mundo. Durante os 5 dias do evento nacional Paryavaran Mitra sobre a exploração e a descoberta de Goa, a CEE deu a oportunidade de expor o património cultural de Goa a participantes de diferentes Estados e Territórios da União do país.

Património cultural de Goa:

A cultura dos goeses remonta ao período inicial da civilização. Embora tenha havido muita interferência dos estrangeiros, resultando em devastação, a cultura tradicional do povo foi fortemente aderida pelos goeses, o que lhes devolveu uma resistência dura para todos os desafios que enfrentaram. O património cultural de Goa foi enriquecido por um processo lento mas persistente de absorção e assimilação dos traços mais agradáveis da cultura estrangeira. Com um passado multicultural, os goeses têm ricos costumes e rituais tradicionais que são seguidos. A cultura do povo é também influenciada pela cozinha goesa. A cultura dos goeses é uma mistura do seu povo, das festas, da música e da dança.

O longo domínio ininterrupto de 450 séculos de uma potência estrangeira conferiu a Goa uma personalidade distinta. Durante o domínio colonial português, o património cultural de Goa é constituído por numerosas igrejas, templos e mesquitas de Goa. Para além disso, as praias exóticas de Goa, que se estendem por areias largas e macias, bem como a comida do mar de Goa, são muito admiradas e apreciadas pelas pessoas que visitam Goa vindas de diferentes lugares. A riqueza e vivacidade cultural de Goa reflectem-se bem nas danças folclóricas, na cultura popular e nas canções goesas.

Goa possui uma riqueza fenomenal em termos de património arquitetónico. São famosas as suas magníficas igrejas, templos, fortes, arquitetura doméstica, estilos distintos de joalharia, mobiliário esculpido, artesanato, etc. Se tiver a oportunidade de viajar para Goa, também ficará encantado com uma série de monumentos cristãos que revelam uma arquitetura muito atraente. Apesar de, por diversas vezes, ter havido ressentimentos e descontentamentos entre alguns povos, a cultura que os governantes representavam infiltrou-se em diferentes estratos da sociedade. O resultado foi uma cultura que mistura as tradições orientais e ocidentais e que, simultaneamente, prende a atenção e o interesse do visitante. A paisagem, naturalmente, conservou a sua pureza, mas o modo de vida e o município transformaram-se gradualmente, assumindo um aspeto que pode ser identificado com o da Península Ibérica ou de um país da América Latina. Parece que uma parte dela foi transplantada e enxertada no subcontinente indiano (Estibeiro, C. M., 2004).

A cultura de Goa floresceu e tornou-se conhecida em todo o mundo, mantendo a simplicidade e a honestidade. As formas culturais atualmente existentes em Goa são uma semelhança de várias nações, regiões, castas e credos adoptados pelo povo de Goa ao longo dos tempos. *Mando* e *Dekhni* são as únicas danças-canções populares de origem goesa.

Mando refere-se às várias canções de amor que enriqueceram ao captar todas as emoções. São canções folclóricas que surgiram com a aristocracia goesa. O início destas canções reflecte um estado de espírito triste, mas o ritmo que adquirem no final é designado por *dulpod*. Nestas canções encontra-se uma mistura de tradições indianas e ocidentais. As canções contemporâneas pertencentes a esta categoria apresentam emoções variadas e distintas e, por isso, distinguem-se das composições antigas como *bhajan, arti, dasarwadem*, etc.

Mando significa a confluência do Oriente e do Ocidente, uma descendência lírica da paixão, do lazer e da civilização, influenciada pelo tecido latino e português, que culminou numa fonte de vitalidade para a sociedade se esforçar e permitir ao Estado ocupar um lugar de orgulho como um dos Estados mais modernos e progressistas do país.

Mando é uma canção poética como o *fado* em português com notas musicais adequadas 1 (6/4). Mando significa *mand* ou uma congregação de alegres que, por vezes, eram chamados especialmente para dar vida a uma ocasião ao som de um violino, guitarra, bandolim, mas sem perder o tradicional *Ghumot* inventado pelos nossos antepassados.

DANÇA DE MANDO

A origem de Mando pode ser traçada a partir da história de uma mulher goesa que casou com um oficial português. Segundo a história, Malaca esteve sob o domínio português no século 15th . Alguns oficiais portugueses casaram com estas raparigas e residiram em Goa. A sua indumentária tradicional, a que chamamos *Toddopbazu,* que consistia em chinelos de veludo com decoração dourada, um arnês com diferentes alfinetes e vários colares à volta, era um traje típico do Sudeste Asiático. Este traje era muito apreciado pelas mulheres goesas da classe média e adotado como traje decente sobretudo em Margão, Curtorim, Loutolim e Raia, onde se encontram as origens do *Mando*. Naqueles tempos em que não havia aparelhos de entretenimento musical, os cantores *de mando* eram muito procurados.

O Festival de Mando é organizado todos os anos pelo Centro Cultural e Social de Goa, como uma atração adicional, que seleciona cantores de boa aparência dos grupos participantes para coroar *o Príncipe e os Príncipes de Mando*. *O Dekhni* é referido como uma canção com dança. Isto deve-se ao facto de a canção ter um carácter ocidental, enquanto a dança tem uma forma indiana. São apenas as mulheres dançarinas que conduzem esta bela dança. Um produtor de cinema ficou tão encantado com uma canção popular *de Dekhni* que a tornou familiar a todas as crianças do país. Sempre que esta dança é executada, é feita com *Ghumat*.

DANÇA DEKHNI

Dekhni é uma forma de dança que representa os dias de simplicidade em que uma mulher *Kolvont* dançante estava à mercê do barqueiro durante a travessia de um rio para chegar até ela para o casamento de Damu. Estas *Kolvonts* eram muito populares como dançarinas durante as festas do Templo.

Bonderam ou *Festival da Bandeira* em Divar é outro festival cultural notável de Goa. Os habitantes da ilha de Divar, como muitos outros habitantes de Goa, celebram anualmente a festa das colheitas no mês de agosto com a sua própria tradição. À sua maneira, chamam-lhe *Bonderanchem Fest*, exibindo bandeiras de diferentes nações num desfile muito concorrido que convida a uma profunda curiosidade!

O seu *Bonderam* significa o início da época das colheitas e simboliza a reivindicação de terem lutado e conquistado o seu território. É bem possível que, durante a demarcação das terras comunicáveis entre Divar e Malara, tenha havido alguma troca de tiros, que eles repetem com *Fotashi*, mas envolvendo bandeiras de diferentes nações, muito antes da formação da Organização das Nações Unidas, quando os representantes de 50 países se reuniram para formar o Grupo das Nações Unidas em 26th de junho de 1945.

Além disso, dizem que se trata de um acontecimento tradicional, uma ocasião alegre com disparos simulados de *fuzis*, mas a questão é que estes residentes de Divar pertenciam a nações diferentes. Uma vez que Divar é um subúrbio de Velha Goa, é bem possível que alguns residentes de Velha Goa tenham preferido ficar longe da sobrepopulação, uma vez que a cidade já foi muito povoada com a administração de Goa, etc.

Chovoth ou *Ganesh Chaturthi* é a festa mais celebrada pelos hindus. O festival de Holi é chamado *Shigmoutsav*. Os habitantes da cidade de Vasco celebram o *Vasco Saptah* no mês de Shravan.

O *Carnaval* ou *Intruz* foi iniciado pelos portugueses como um divertimento para as pessoas que gostam de se divertir. Durante o festival do Carnaval de Goa, são exibidos diferentes tipos de trajes de Goa e belas máscaras. Atualmente, o *Carnaval* ou *Intruz* é considerado um festival estatal de Goa para promoção do turismo, que se celebra todos os anos durante o mês de fevereiro-março.

Os Dhanger Dance formam uma comunidade de pastores que adoram um deus popular chamado Bira Deva. Acreditam em rituais e em várias celebrações. Celebram com danças em dhol e flauta. As danças que executam são normalmente dedicadas a Shri Radha e Krishna. Os trajes que usam são designados por vestido branco *Kathiawari*.

Mussai Khel é uma das heranças folclóricas que envolve uma canção com dança feita em louvor de reis corajosos. Um aspeto importante associado a esta dança é o facto de ser executada por cristãos para louvar um rei hindu. O principal dia em que a dança é executada é o belo dia de lua cheia do mês de falguna do calendário hindu. É basicamente executada pelos Cholas de Chandor que foram derrotados por Harihar da dinastia Vijaynagar.

Zagor é uma dança folclórica herdada do Teatro Marathi Moderno de Goa. É constituída por duas formas, uma das quais pertence à comunidade Pernni, enquanto a outra pertence aos Gawdas cristãos. *A Pernni Zagor* concentra-se em temas filosóficos baseados na origem do universo. Por outro lado, o *Gawdas cristão* foi retirado da vida contemporânea da aldeia.

A dança da lâmpada é uma dança única e difícil, uma vez que é basicamente a arte e a habilidade do dançarino que mantém a lâmpada de latão na cabeça e usa diferentes movimentos corporais sem afetar a posição da lâmpada. A altura em que esta dança é executada é a altura do *festival de Shigmo*. Os vários instrumentos utilizados neste tipo de dança são o *címbalo, o Ghumat, o harmónio e o Samel*. As canções utilizadas são as canções folclóricas tradicionais e as principais regiões onde esta dança é executada são as regiões sul e centro de Goa.

O Fugdi e o Dhalo são basicamente executados por mulheres e são bastante comuns. O ritmo do *Dhalo* é lento, enquanto o do *Fugdi* é rápido. O padrão seguido pela dança *Fugdi* é circular e, em Dhalo, uma dúzia de mulheres dança com os rostos virados uns para os outros. Estas duas danças folclóricas são executadas com base em canções Marathi e Konkani.

A Procissão de Todos os Santos em Goa Velha é um acontecimento e o único na Ásia a seguir a Itali em Roma.

Viagem cultural aos locais classificados como Património Mundial da UNESCO em Velha Goa:

[th] Da história de Goa ficamos a saber que a Velha Goa, no final do século XV, era uma cidade florescente. Nela se encontravam os mercadores do Oriente e do Ocidente e negociavam as suas mercadorias. A esta cidade chegaram os missionários portugueses

e os faidalgos em busca de especiarias e para difundir o cristianismo. Como parte da exploração do património cultural e da história de Goa, todos os participantes do evento nacional Paryavaran Mitra visitaram Velha Goa.

Foi nesta cidade que se encontrava uma outra pessoa notável chamada Gracia da Orta, o famoso especialista em botânica judeu que introduziu pela primeira vez as ervas indianas e ocidentais na farmacologia ocidental.

O local atualmente conhecido como Siridao, na margem do rio Zuari, era um importante centro comercial onde comerciantes de diferentes partes da Ásia e da Arábia costumavam vir em busca de especiarias e cocos, etc.

A terra é sagrada tanto para os cristãos como para os hindus. Considerada como a *"Roma do Oriente"*, Goa pode orgulhar-se das suas igrejas com os seus altares ornamentados a ouro. Para conhecer o património cultural e a história de Goa, todos os participantes fizeram uma visita a Velha Goa. A Basílica do Bom Jesus é um dos onze melhores locais do Património Mundial da UNESCO (Igrejas e Conventos de Goa). Situa-se a uma distância de 9 km da paragem de autocarros Panjim Kadamba e a 27 km da estação ferroviária Vasco da Gama, construída no século XVI. É uma das igrejas mais populares e famosas de Velha Goa, dedicada ao Menino Jesus, na qual se encontram guardados, num caixão de prata, os restos mortais de São Francisco Xavier. É também chamada Túmulo de S. Francisco Xavier. Pessoas de todos os quadrantes acorrem em massa para ver estas relíquias. Há também várias igrejas, nomeadamente a Catedral da Sé, a Igreja de São Caetano, o Arco do Vice-Rei, a Igreja de Santa Catarina, a Igreja de Saligão, a Torre de Santo Agostinho/Igreja de Santo Agostinho, etc.

Entre os locais de peregrinação de Goa, alguns dos locais mais famosos são o Templo Shri Mangueshi, situado no Norte de Goa, a 21 km da paragem de autocarros de Panjim Kadamba, a 37 km da estação ferroviária Vasco da Gama e a 34 km de Mapusa; O Templo de Shri Shantadurga é um grande templo situado no sopé da aldeia de Kavlem, em Ponda Taluka, a 28 km da paragem de autocarros de Panjim Kadamba, a 34 km da estação ferroviária de Vasco da Gama e a 20 km da estação ferroviária de Margao, no

Norte de Goa; O Templo de Shri Mahalaxmi é um dos locais mais visitados de Goa e um importante local de peregrinação para os hindus. Está situado na aldeia de Bandora ou Bandivade, a cerca de 4 km de Ponda, no Norte de Goa. Fica a uma distância de 27 km da paragem de autocarros de Panjim Kadamba, a 37 km de Vasco da Gama e a 22 km da estação ferroviária de Margao.

Alguns dos locais históricos importantes de Goa são o Forte Aguda na praia de Sinquerim, o Forte Tiracol na foz do rio Tiracol, o Cabo da Rama em Canacona, o Forte Reis Mogos em Panaji, o Forte Chpora, o Forte Mormugao, etc.

No dia 13th de dezembro de 2011, todos os participantes no Evento Nacional em Goa, a fim de conhecerem os locais de património cultural e histórico de Goa, todos os participantes fizeram uma visita a Velha Goa e depois uma visita ao Archaeological Survey of India (PlacesZMuseum), a fim de conhecerem as relíquias do passado. O Museu foi criado em 1964 e reconhecido em 1981-82. Instalado na parte conventual da Igreja de São Francisco de Assis, as antiguidades expostas em 8 galerias incluem os objectos do período pré-histórico e histórico inicial até ao período medieval tardio. A importância deste museu reside na exposição de retratos de governadores e vice-reis, esculturas em madeira, pilares, capitéis, selos postais e muitos outros objectos que pertencem ao período português em Goa.

As vitrinas foram preparadas para expor os objectos importantes e os pedestais para expor os objectos pesados de pedra e de madeira. Os retratos são expostos com luz natural e artificial.

As obras-primas da coleção incluem: Luís Vaz de Camees, Vishnu com dez encarnações, Surya, Gajalakshmi, escultura em madeira de João Batista, escultura em marfim da crucificação de Jesus, estátua em bronze de Albuquerques (primeiro governador de Goa), Pedra do Herói, Pedra Sati, inscrições persas e árabes, pinturas de retratos de Vasco da Gama, Com Joa de Castro, armas portuguesas como espingardas, espadas e punhais, etc. As instalações adicionais oferecidas aos visitantes incluem água potável, inventário limpo, projeção de vídeo sobre propriedades do património mundial na Índia, centro de actividades para crianças, balcão de venda de publicações (www.asi.nic.in).

Os sítios do património cultural de Goa estão representados no mapa 4.1:

Mapa 4.1 SÍTIO DO PATRIMÓNIO CULTURAL DE GOA

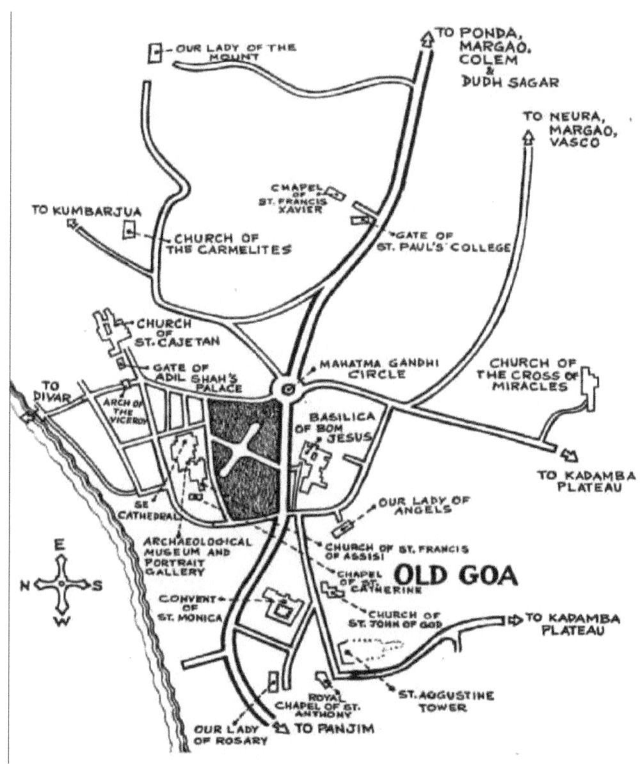

Fontes:C. M. Estibeiro: Goa Ontem e Hoje, 2004, p.15.

O Estado de Goa tem a distinção de ter obtido a certificação ISU 9001-2000 através da Direção das Artes e da Cultura, que enquadra as políticas culturais do Estado. Criação da Academia Tiatr de Goa. Estão a ser aplicados vários regimes, como o Kala Sanman e o Kalakar Kritadnyata Nidhi, para ajudar os artistas e promover as actividades culturais. Foram concedidas subvenções a 139 instituições que trabalham no domínio das artes e da cultura. Foi instituído o prestigioso prémio *"Gomant Vibhushan"* para personalidades goesas com reconhecimento mundial. Foi inaugurada a biblioteca distrital de Margao. Estão em curso trabalhos de modernização do Rajiv Gandhi Kala Mandir em Ponda. Serão criados novos auditórios e escolas de dança e teatro. O projeto

Ravindra Bhavan em Sakuli e Vasco está quase concluído.

Há uma série de igrejas em Goa. Entre elas, a Igreja de Santo Agostinho - Convento e Noviciado, conhecida como a Segunda Roma da Índia e

A Basílica do Bom Jesus é magnífica. A Igreja de Santo Agostinho foi encomendada em 1602. Da mesma forma, a obra da Basílica do Bom Jesus foi concluída no ano de 1605, apenas 3 anos mais tarde. A Basílica do Bom Jesus é uma das igrejas mais populares e famosas de Velha Goa, dedicada ao Menino Jesus, na qual se encontram guardados num caixão de prata os restos mortais de São Francisco Xavier. A magnífica Igreja de Santo Agostinho erguia-se magnificamente no topo de Velha Goa, um dos maiores complexos para acomodar mais de 3300 pessoas, incluindo quase 3000 estudantes, professores e outros funcionários de apoio. Infelizmente, para seu azar, o governo português de então proibiu todas as instituições religiosas por ordem de 1832. Os agostinhos, sem outra alternativa, viram-se obrigados a abandonar o convento em 1835, deixando para trás bens valiosos. Com o passar do tempo, a enorme estrutura desmoronou-se em intervalos regulares até 1938, deixando apenas a abóbada no estado atual.

A partir do ano da libertação de Goa, em 1961, o Serviço de Arqueologia da Índia assumiu o controlo de todos os monumentos de importância histórica para os restaurar e envidar esforços para os preservar para a posteridade.

Os participantes do Evento Nacional Paryavaran Mitra em Goa, provenientes dos Estados do Nordeste e de outros Estados e Territórios da União, partilharam e experimentaram a exploração e a descoberta do património cultural de Goa na Basílica do Bom Jesus de Velha Goa.

Participantes do Nordeste que partilham a exploração do património cultural de Goa na Velha Goa, Basílica do Bom Jesus, a 13ᵗᵗʰ dezembro, 20H.

5. Explorar e descobrir o património natural de Goa

Introdução:

O Estado de Goa é o mais pequeno de todos os Estados do país e, no entanto, apresenta uma diversidade espantosa de espécies endémicas, habitats e ecossistemas. Goa está sob a influência de dois biomas globais - o bioma marinho do Mar Arábico e o bioma florestal terrestre dos Ghats Ocidentais. Neste contexto geográfico, existe uma grande variedade de ecossistemas e habitats, por exemplo, florestas, Ghats, planícies aluviais, costas, rios, estuários, mangais, zonas húmidas, etc. A ecofisiologia dos habitats é regida por condições ecológicas e meteorológicas complexas. Existem habitats normais e habitats extremos (como as piscinas naturais e as salinas). Existem micro-habitats igualmente importantes - por exemplo, as termiteiras que desempenham um papel importante na decomposição da biodiversidade vegetal. Goa possui uma biodiversidade diversificada. As raposas, os javalis e as aves migratórias encontram-se nas florestas de Goa. A avifauna inclui guarda-rios, minas e papagaios. Goa tem também uma elevada população de cobras, o que mantém a população de roedores sob controlo.

Biodiversidade de Goa:

Todos os seres vivos - animais, plantas e micróbios - que vivem no solo, na água, nas árvores, dentro e sobre outros animais; úteis e/ou nocivos; cultivados, domesticados ou selvagens; os seus genes e os ecossistemas em que vivem, constituem a Diversidade Biológica ou Biodiversidade da Terra. A variedade da vida na Terra - diversidade biológica - e os padrões naturais que ela forma são o resultado de milhares de milhões de anos de evolução, moldados por processos naturais e, cada vez mais, pela influência dos seres humanos. A biodiversidade forma a teia da vida da qual somos parte integrante e da qual dependemos tão plenamente. A biodiversidade fornece aos seres humanos muitos bens e serviços (Anon, 2011).

A biodiversidade é uma entidade que engloba nos seus domínios diferentes tipos de animais, aves, peixes, mamíferos, répteis, insectos, plantas, fungos, etc. As composições genéticas de que são constituídos, bem como o ecossistema em que habitam e sobrevivem, fazem parte dela. A natureza fez tudo neste mundo para prosperar e se sustentar sem que o limite seja ultrapassado. Mas a exploração excessiva dos recursos disponíveis pelo ser humano, por diversas razões comerciais, criou um desequilíbrio na biodiversidade.

O Estado de Goa é o mais pequeno de todos os Estados do país, mas apresenta uma diversidade espantosa de espécies endémicas, habitats e ecossistemas. Goa está sob a influência de dois biomas globais - o bioma marinho do Mar Arábico e os biomas florestais terrestres dos Ghats Ocidentais. Neste contexto geográfico, existe uma grande variedade de ecossistemas e habitats, por exemplo, florestas, Ghats, planícies aluviais, costas, rios, estuários, mangais, zonas húmidas, etc. A ecofisiologia dos habitats é regida por condições ecológicas e meteorológicas complexas. Existem habitats normais e habitats extremos (como as piscinas naturais e as salinas). Existem micro-habitats igualmente importantes, por exemplo, as termiteiras que desempenham um papel importante na decomposição dos resíduos vegetais. O estado da biodiversidade em cada um destes habitats varia, dependendo naturalmente de uma série de factores genéticos e ambientais.

Flora e Fauna de Goa:

Goa é única no que diz respeito à sua composição floral e faunística, uma vez que se situa na zona de transição entre os Ghats Ocidentais do Norte e do Sul. A biodiversidade encontrada nos Ghats Ocidentais do Norte, em Maharashtra, faz sentir a sua presença no limite sul das partes orientais de Goa, enquanto a fauna dos Ghats Ocidentais do Sul tem o seu limite norte no sul de Goa. A área geográfica de muitas das espécies endémicas dos Ghats Ocidentais do Sul começa em Goa. Durante o domínio colonial português, a história natural continuou a ser um assunto negligenciado, ao contrário de outras partes do país sob o domínio britânico.

As espécies florais de Goa são apresentadas no quadro 5.1:

Quadro 5.1

Espécies florais de Goa:

Taxa	N.º de catálogo	Observações
I. Micróbios		
a. Vírus	30	
b. Leveduras	150	
c. Bactérias	150	
d. Fungos		
-Terrestre	NA	
-Aquático	NA	
-Marinha	NA	
II. Algas		
-Terrestre	NA	
-Água fresca	156	
-Marinha	50	
III.Briófitas	NA	
IV.Pteridófitas	NA	
V. Angiospérmicas	1750	Inclui variedades domesticadas
VI. Gimnospérmicas	1	

As espécies faunísticas de Goa são apresentadas no quadro 5.2:

Quadro 5.2

Espécies faunísticas de Goa

Taxa	N.º de catálogo	observações
I. Invertebrados		
-Protozoários	NA	
-Porifera	NA	
-Coelenterata	NA	
-Platelmintos	NA	
-Aschelminthes	NA	
-Nematoda	10	
-Annelida	NA	
-Arthropoda	112	
-Arachnida	30	
-Crustáceos	82	
-Mollusca		
Bivalves	28	
Gastropoda	63	
Cefalópodes	02	
-Echinodermata	NA	
II. Protocordados		
-Hermichordata	NA	
III. Vertebrados ou Chordata		
-Peixes	205	
-Reptilia	49	
-Aves	357	
-Mammali	-	

Um ambiente rico em biodiversidade oferece o mais vasto leque de opções para uma atividade económica sustentável. A perda de biodiversidade reduz frequentemente a produtividade dos ecossistemas, diminuindo assim o cabaz de bens e serviços da natureza, do qual nos servimos constantemente. Desestabiliza os ecossistemas e enfraquece a sua capacidade de lidar com catástrofes naturais, como a poluição e as alterações climáticas. A conservação e a utilização sustentável da biodiversidade são fundamentais para o desenvolvimento sustentável.

Ghats ocidentais em Goa:

As caraterísticas topográficas mais importantes da Índia Peninsular são os *Ghats Ocidentais* ou *Sahyadris* - uma cadeia de montanhas que se estende por 1.600 km, paralela à costa ocidental da Índia e que se estende ao longo da sua margem ocidental, com uma área de 0,14 milhões de quilómetros quadrados. Km. nos Estados de Maharashtra, Goa, Karnataka, Kerala e Tamil Nadu. A parte dos Ghats Ocidentais (*os Sahyadris*) que se estendem sem interrupção até ao extremo sul da costa de Malabar, onde se fundem com as terras altas dos Nilgiris. A partir do sul de 16^0 N de latitude até às colinas de Nilgiri, os Sahyadris são formados por granitos e gneisses, têm uma topografia mais acidentada, coberta por florestas densas, e estão mais próximos da costa. A sua altitude média é de 1 220 metros, com vários picos que ultrapassam os 1 500 metros - Kudremukh (1 892 m) e Pushpagiri (1 714 m). As colinas de Nilgri, às quais os Sahyadris se juntam perto de Gudalur, atingem mais de 2 000 m. O pico de Doda Betta (2 637 m) situado perto de Ootacamund é o pico mais alto (Sharma et al, 1977). Além disso, os Ghats Ocidentais estendem-se pelas colinas de Anamalai, no extremo sul da Península. Os Ghats Ocidentais, tal como o nome Ghats denota, são colinas de falésias de topo plano, em socalcos, viradas para a costa do Mar Arábico e com um paralelismo geral. A sua altitude média é de cerca de 900 metros. As partes dos Ghats Ocidentais que se encontram na costa de Goa cobrem cerca de 600 quilómetros quadrados da área total do Estado de 3.701 quilómetros quadrados. A elevação média é de 800 m. A cordilheira estende-se em forma de arco por um comprimento de 125 km de norte a sul (www.goaenvis.nic.in).

Geologicamente, a topografia dos Ghats Ocidentais é distinta. Em toda a extensão dos Ghats Ocidentais, a faixa mais larga de florestas situa-se em torno de Goa e das partes vizinhas de Karnataka, porque a precipitação permanece relativamente elevada neste território, tendo em conta a elevação comparativamente mais baixa dos Ghats.

A área é naturalmente uma importante região de nascente para a maioria dos rios e ribeiros de Goa, muitos dos quais, nas secções íngremes, formam quedas de água, sendo Dhudhsagar a mais espetacular. Os nomes locais dos picos isolados são Sonsagar (3.827 pés); Catlanchhimauli (3.633 pés); Vaguerim (3.500 pés) e Morlemchogar (3.400 pés). Todos se situam em Sattari taluka, no Norte de Goa. No Sul de Goa, os picos isolados incluem Siddhanath em Ponda, Chandranath em Paroda, Counsid em Astagrae e, finalmente, Dudhgsagar em Latambarcem.

Os Ghats Ocidentais de Goa constituem 20,5% da área geográfica total do Estado de Goa (3.702 km2) e ocupam 2% da área dos Ghats Ocidentais da Índia (V. C. Joshi, 2004). Os Ghats Ocidentais, que formam a maior parte do leste de Goa, foram reconhecidos internacionalmente como um dos 34 hotspots de biodiversidade do mundo. Na edição de fevereiro de 1999 da revista National Geographic, Goa foi comparada com as bacias do Amazonas e do Congo pela sua rica biodiversidade tropical (N. Myers et al, 2000). O mapa 5.1 seguinte mostra os Ghats Ocidentais da Índia:

MAPA 5.1 GHATS OCIDENTAIS DA ÍNDIA

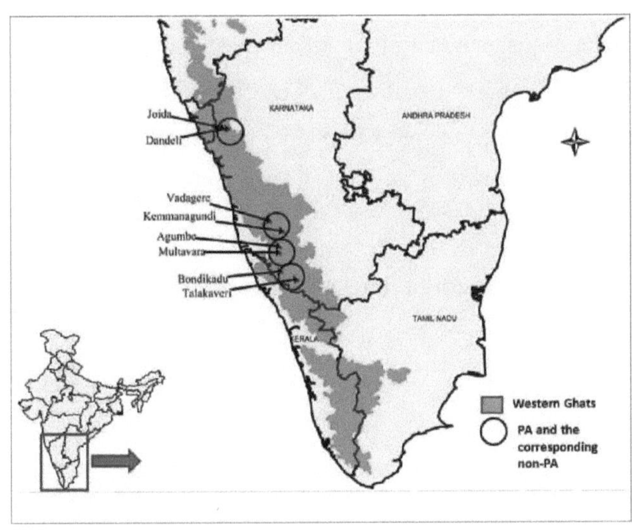

Fontes: www.goaenvis.nic.in

Biodiversity OfWestern Ghats:

Atualmente, sabe-se que os Ghats Ocidentais têm mais de 5.000 espécies de plantas e 140 espécies de mamíferos, 16 das quais são endémicas, ou seja, espécies encontradas apenas nessa área. Entre estas, destacam-se o macaco de cauda de leão e o tahr de Nilgiri. Das 179 espécies de anfíbios encontradas nos Ghats Ocidentais, 138 são endémicas da região. Existem 508 espécies de aves, 16 das quais são endémicas, incluindo o papa-moscas de Nilgiri e o periquito de Malabar. Os Ghats Ocidentais são considerados uma região ecologicamente sensível, com cerca de 52 espécies a aproximarem-se da extinção. A alteração do habitat, a sobre-exploração, a poluição e as alterações climáticas são as principais pressões que causam a perda de biodiversidade. A necessidade de proteger a ecologia dos Ghats Ocidentais dificilmente pode ser enfatizada em demasia (Anon, 2012).

Ecossistema florestal de Goa:

O ecossistema florestal de Goa desempenha um papel importante na preservação ecológica e no desenvolvimento ecológico do Estado, uma vez que está situado na região dos Ghats Ocidentais. A região enfrenta o primeiro ataque da monção e recebe fortes precipitações que chegam a atingir 3 000 mm por ano. Além disso, a intensidade da precipitação é bastante elevada e quase toda a precipitação é recebida durante um período de quatro meses, ou seja, de junho a setembro. Esta precipitação intensa num curto período de tempo, juntamente com os terrenos montanhosos, torna o problema da preservação ecológica muito difícil na ausência de uma cobertura florestal adequada.

O Estado de Goa é dotado de uma vasta cobertura florestal e arbórea que compreende 2.553 km2, o que representa 68,96% da área geográfica do Estado e 0,32% da cobertura florestal e arbórea da Índia. De acordo com o India State of Forest Report 2015, publicado pelo Forest Survey of India, em termos de classes de densidade de copas florestais, o Estado tem 516 km2 de área com florestas muito densas; 405 km2 de área com florestas moderadamente densas; e 608 km2 de área com floresta aberta dentro da zona verde, enquanto o Estado tem 27 km2 de área com cobertura florestal muito densa; 180 km2 de área com floresta moderadamente densa; e 483 km2 de área com floresta aberta fora da zona verde. A maior parte destas florestas do Estado situa-se nas regiões interiores orientais do Estado (GOI, 2015).

O mapa 5.2 seguinte mostra as florestas de Goa:

Mapa 5.2 MAPA FLORESTAL DE GOA

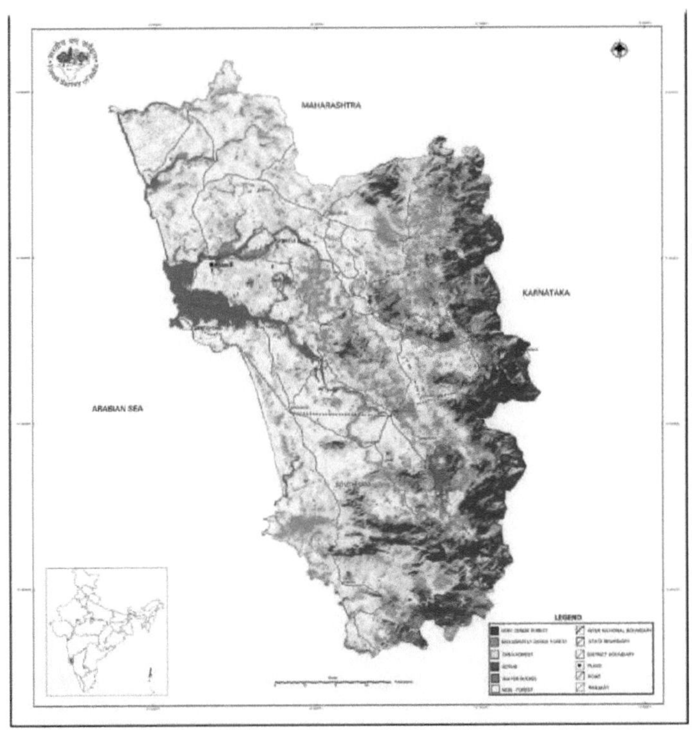

Fontes: www.goaenvis.nic.in

A cobertura florestal de Goa por distrito é apresentada no Quadro 5.3:

Quadro 5.3

Cobertura florestal de Goa por distrito

(Área em km2)

SL Não	Distrito	Área geográfica	Avaliação 2013				Percentagem da Área Geo. Área	Alterar	Esfregar
			Floresta muito densa	Floresta Moderadamente Densa	Floresta aberta	Total			

79

1.	Norte de Goa	1,736	128	236	559	923	53.17	0	0
2.	Sul de Goa	1,966	415	349	532	1,296	65.92	0	0
Total		3,702	543	585	1,091	2,219	59.94	0	0

Fontes: GOI: Relatório sobre o estado das florestas na Índia, Forest Survey of India, 2015, Dehra Dun, p.120.

Uma área total de 755 km2 , que constitui 61,68% da área florestal registada e 20,4% da área geográfica do Estado, está abrangida pela Rede de Áreas Protegidas.

Os produtos florestais mais importantes são o bambu, as canas, a casca de Maratha, a casca de Chillar e o Bhirand. Os coqueiros são omnipresentes e estão presentes em quase toda a área de Goa, exceto nas regiões elevadas. Existe um grande número de vegetação caducifólia constituída por teca, sal, castanha de caju e mangueiras, ananás e *"amora"* (*'Podkoam'* em Konkani).

Plantas medicinais de Goa:

As florestas de Goa também são enriquecidas com variedades de plantas medicinais. As plantas medicinais crescem abundantemente em todas as zonas florestais de Goa. A riqueza das plantas medicinais é um importante ativo da flora de Goa. As plantas medicinais não são apenas uma importante base de recursos para a medicina tradicional e a indústria de plantas medicinais, mas também proporcionam meios de subsistência e segurança sanitária a toda a população de Goa.

A seguir, são reproduzidas algumas das plantas medicinais importantes cultivadas e habitualmente utilizadas como medicina tradicional em Goa (WWW.envisgoa.nic.in):

Adiki (*Rauwolfia serpentina*): Utilizam-se as suas raízes. Tem usos medicinais como no tratamento de insónias, hipocondria, insanidade, estado irritável do sistema nervoso central, hipertensão arterial, distúrbios intestinais, diarreia e disenteria.

Aduso (*Acacia concinna*): Utilizam-se as folhas, a raiz, a casca, as flores e os frutos. Tem usos medicinais como antiespasmódico, no tratamento de doenças do peito, ftiríase, bronquite crónica, asma, diaforreia, disenteria, febre da malária, feridas recentes, articulações reumáticas, inchaços inflamatórios, sarna, dores nevrálgicas, hemorragias nasais, difteria, gonorreia, antissético e artelméntico.

Ambo (*Mangifera indica*): Utiliza-se a casca, a goma, o fruto e as sementes. É utilizada no tratamento da menorragia, leucorreia, descargas mucopurulentas do útero e dos intestinos, disenteria, hemorragias nas pilhas, hemorragias dos pulmões, intestinos ou útero e diarreia, difteria, prolapso da vagina e do reto, doenças nasais, catarro e da pele.

Amrut val (*Tinospora cordifolia*): Utiliza-se a planta inteira. Utiliza-se em reumatismo, doenças urinárias, dispepsia, debilidade geral, sífilis, biliosidade, febre, hemorróidas, bronquite, espermatorreia, impotência, iterícia, turvação do fígado e em fracturas.

Anasaroli (*Alangium salvifolium*): Utiliza-se a raiz e a casca. É utilizada no tratamento de mordeduras de cães, como purgante, antídoto e emético.

Ashok (*Saraka indica*): Utiliza-se a sua casca e flores. É utilizada em doenças uterinas, especialmente para a menorragia e leucorreia, hemorróidas internas, disenteria e diabetes.

Belpatri (*Aegle marmelos*): Utilizam-se as suas folhas, raízes, cascas e frutos. É utilizado como laxante suave na febre e na asma, no tratamento da obstipação, iterícia, diarreia, disenteria, dispepsia, antiescorbútico e como tónico.

Bhavo (*Cassia fistula*): Utilizam-se as suas folhas, raízes e vagens. É utilizada no tratamento da paralisia, reumatismo, doenças de pele, febre da água negra, um estranho purgante e como tónico.

Bhirand (*Garchinia indica*): Utilizam-se os seus frutos e sementes. É utilizado no tratamento de uticárias, disenteria, diarreia mucosa, phthisis pulmonalis e doenças escorbúticas, mãos gretadas, abrasões, ulcerações e fissuras no corpo.

Biba (*Semicarpus anacardium*): Utilizam-se os seus frutos. Utiliza-se em dispepsia, hemorróidas, doenças de pele, debilidade nervosa, vermes, paralisia e epilepsia, sífilis, asma e nevralgia.

Bor (*Zizphus jujube*): Utilizam-se as suas folhas, cascas e frutos. É utilizado na gonorreia, abcessos, furúnculos, disúria, cólicas e inflamação das gengivas, um laxante suave e um expetorante.

Brahma-dandi (*Argemone Mexicana*): Utilizam-se as suas raízes e sementes. É utilizada no tratamento de hidropisia, iterícia, doenças da pele, gonorreia, bolhas, dores reumáticas, úlceras, cálculos vesiculares, furúnculos, abcessos, tosse, doenças pulmonares, asma, tosse convulsa, doenças do intestino.

Brahmi (*Centella asiatica*): Utiliza-se toda a sua planta. |É usada como tónico, purificador do sangue, tratamento de doenças nervosas, amenorreia, hemorróidas, elefantíase, doenças de pele, disenteria infantil e queixas intestinais, reumatismo, fraqueza mental e falta de memória, gonorreia, iterícia e febre.

Tamarindo (*Tamarind indica*): Utilizam-se as suas folhas, cascas, frutos e sementes. É utilizado em iterícia, entorses, furúnculos, feridas nos olhos, sarna, intoxicação por álcool, envenenamento por dhatoora, vómitos biliosos e insolação.

Dalchini (*Cinnamomum Zeylanicum*): São utilizadas as suas cascas, raízes e folhas. É utilizada no tratamento da amenorreia, febre tifoide, reumatismo, dor de cabeça, dor de dentes, paralisia da língua, náuseas, vómitos, irritação gástrica, dores nevrálgicas e trabalho de parto enfadonho causado por uma contração uterina defeituosa.

Dhaturo (*Datura innoxia*): As suas folhas, caules, frutos e sementes. É utilizado no tratamento de asma, tosse convulsa, bronquite, gonorreia, tumores, reumatismo, menstruação difícil, seios inflamados, doenças de pele, queimaduras, furúnculos, caspa e queda de cabelo e problemas de dentes cariados.

Durva (*Cynodon dactylon*): Utiliza-se toda a sua planta. É utilizada em hematúria, vómitos, diarreia crónica, disenteria, histeria, insanidade, hemorragia das hemorróidas, irritação das hemorróidas, irritação da bexiga, segunda sífilis e cálculo vesical.

Durvo (*Cymbopogon citrates*): Utiliza-se toda a sua planta. Utiliza-se em hematúria, vómitos, diarreia crónica, disenteria, histeria, insanidade, hemorragia das pilhas, irritação das pilhas, irritação da bexiga, segunda sífilis e cálculo vesical.

Galai (*Randia dumetorum*): Utiliza-se a sua casca e os seus frutos. É utilizada na diarreia, disenteria, reumatismo, náuseas e como expetorante.

Ganjan (*Cymbopogon citrates*): Utilizam-se as suas folhas e sementes. É utilizado como diaforético, estimulante em catarros e estados febris, dismenorreia, menstruação desordenada, vómitos, diarreia, estado hidrópico causado pela malária, dores reumáticas, entorses, doenças provocadas por micose, irritabilidade gástrica, cólera e como tónico.

Ganji (*Abrus precatorius*): Utilizam-se as suas folhas, raízes e sementes. É utilizado para a cura de dores de garganta, tosse seca, urina ardente, reumatismo, prevenção da conceção, doenças de pele, úlceras e doenças oculares, e serve como purificador do sangue, purgante e tónico.

Ghoting (*Terminalia balerica*): Os seus frutos são utilizados. É utilizado em casos de hemorróidas, diarreia, febre e tosse hidropónica, rouquidão, dores de garganta, dispepsia e como purgante.

Hirda (*Terminalia chebula*): Os seus frutos são utilizados. É utilizado como laxante suave para tratar disenteria, cócegas, flatulência, asma, distúrbios urinários, vómitos, soluços, vermes intestinais, ascite, baço e fígado dilatados, corrimentos vaginais, ulceração das gengivas, curativo para queimaduras e escaldões e hemorróidas e como tónico cardíaco.

Jambal (*Syzigium-Cumuni*): Utilizam-se as suas folhas, cascas, frutos e sementes. É utilizado em disenteria, disenteria crónica, menorragia, aumento do baço, gengivas esponjosas, estomatite, supressão da urina e diabetes.

Kadu Kavath (*Hydrocarpus kurzii*): Utilizam-se as suas sementes. Utiliza-se em doenças de pele e feridas.

Kadulimbu (*Azadirachta indica*): São utilizadas as suas folhas, cascas, goma, flores, frutos e sementes. É utilizado no tratamento de iterícia, doenças de pele, febre da malária, furúnculos, úlceras crónicas, varíola, feridas sifilíticas, uma ducha vaginal eficaz após o tratamento do parto, problemas de fígado, um purgante, como um tónico para o tratamento de debilidade geral, dor de cabeça nervosa, doenças urinárias, hemorróidas e vermes intestinais.

Kaju (*Anacardium occidentale*): Utiliza-se a casca, a maçã, o óleo da casca e as sementes. É utilizado na lepra, micose, calos, úlceras obstinadas, escorbuto, diarreia, problemas uterinos, hidropisia, dores neurológicas, reumatismos, elefantíase, o óleo das sementes é um excelente emoliente e é utilizado na gastroenterite.

Kali-mari (*Piper nigrum*): São utilizadas as suas bagas. É utilizado para dispepsia, flatulência, debilidade, prolapso do ânus, diarreia, hemorróidas, distúrbios urinários, tosse, vertigens, coma, gonorreia, febre da malária, furúnculos, dores de garganta relaxadas, afecções paralíticas, dores reumáticas, dores de cabeça, prolapso do reto, doenças de pele, dores de dentes, alopécia e urticária.

Kazro (*Strychnos nux-vomica*): Utiliza-se a sua madeira e sementes. É utilizado em febres intermitentes, cólera, disenteria aguda, debilidade, vermes, histeria, hidrofobia, amaurose do tabaco, emoções mentais, gota, insónia, doenças espasmódicas como vómitos da gravidez, envenenamento por ópio, impotência sexual e para bronquite.

Karbel (*Murraya koengil*): Utilizam-se as suas folhas, cascas e raízes. Utiliza-se em disenteria, diarreia, vómitos, aplica-se uma pasta sobre contusões e mordeduras de animais venenosos.

Kudo (*Holarrhena antidysenterica*): Utilizam-se as suas cascas e sementes. É utilizado em disenteria amebiana, hemorróidas, lepra, cólicas, dispepsia, queixas crónicas do peito, diarreia, doenças do baço, iterícia, biliosas, cálculos da bexiga e administrado a mulheres após o parto.

Lajje zad (*Mimosa pudica*): Utilizam-se as suas folhas e raízes. É utilizada no tratamento de rins, hemorróidas, feridas fistulosas, doenças urinárias e abcessos.

Marotha (*Terminalia tormentosa*): Utiliza-se as suas cascas. Utiliza-se no tratamento de úlceras, hemorragias, fracturas, bronquite, leucorreia, gonorreia, diarreia, disenteria, equimose e apitadela do sangue.

Moi (*Lannea coromandelica*): Utilizam-se os seus ramos tenros e as suas gomas. Utiliza-se no coma provocado por overdose de estupefacientes, dispepsia, debilidade geral, gota e disenteria, dor de olhos, lepra, entorses e contusões.

Naga-Chapa (*Mesua Ferrea*): Utilizam-se as suas cascas, flores, frutos e sementes. É utilizada em disenteria, vómitos, tosse, irritabilidade do estômago, transpiração excessiva e hemorragias nas hemorróidas, ardor nos pés, doenças genitor-urinárias, feridas e doenças de pele.

Nigud (*Vitex negundo*): Utilizam-se as suas folhas, raízes e flores. É utilizado na febre catarral, reumatismo, aumento do baço, dores de cabeça, entorses, inchaços inflamatórios das articulações, seios nasais, úlceras escrofulosas, feridas que desbastam, cólera e hemorragias.

Pangaro (*Erythrina indica*): As suas folhas e cascas são utilizadas. É utilizada para o tratamento de vermes redondos, vermes de fita, vermes de fio, disenteria crónica, curativos de úlceras, dores de dentes, dores reumáticas, bubões venéreos e doenças oculares.

Pipal (*Ficus glomenata*): Utilizam-se as suas cascas e figos. A decocção é usada na gonorreia e na sarna, no tratamento da dor de dentes, nas solas dos pés gretadas e inflamadas, nas feridas, como laxante e para curar a asma.

Rumdad (*Ficus glomenata*): São utilizadas as suas folhas, cascas, látex e figos. É utilizada no tratamento de distúrbios biliosos, disenteria, menorragia, hemoptise, gengivas esponjosas, varíola, hematúria, diabetes, úlceras, diarreia, dores reumáticas e no peito.

Sailo (*Tectona grandis*): Utiliza-se a casca, a madeira, a flor e as sementes. É utilizado para o tratamento de dispepsia, azia, dores de cabeça, dores de cabeça, diarreia, tónico capilar e prurido cutâneo.

Shami (*Acacia Arabica*): São utilizadas as suas folhas tenras e vagens. É utilizada para o tratamento de gonorreia, mleucorreia, corrimento, prolapso do útero, diarreia, disenteria, diabetes, hemorragias provocadas por picadas de sanguessugas e como expetorante.

Sanvar (*Salmalia malbarica*): São utilizadas as suas cascas, goma, raízes, flores e frutos. É utilizada no tratamento de hemorragias uterinas anormais, hemoptise da tuberculose pulmonar, gripe, vómitos de sangue, menorragia, diarreia infantil, dor de olhos, ulceração da bexiga e dos rins, gonorreia, gleite e cistite crónica.

Sanvor (*Bombax ceiba*): Utilizam-se as suas folhas, cascas, vagens, raízes e goma. É utilizado para o tratamento da gonorreia, febre e dores de cabeça, diarreia infantil e como laxante.

Salsaparrilha (*Hemidesmus indicus*): Utilizam-se as suas raízes. É utilizada no tratamento da dispepsia, febre, doenças de pele, sífilis, leucorreia, doenças genito-urinárias, tosse crónica, dores reumáticas e furúnculos.

Satanás (*Alstonia schoolaris*) Utilizam-se as suas folhas e cascas. É utilizado no tratamento de úlceras, febres, dispepsia, debilidade, doenças de pele, problemas de fígado, diarreias crónicas e disenteria.

Sathavari (*Asparagus recemosus*): São utilizadas as raízes de Ita. É utilizado para o tratamento de disenteria, diarreia, tumores, inflamação, biliosidade, doenças do sangue, doenças dos rins, fígado, olhos e garganta, tuberculose, lepra, epilepsia, cegueira nocturna, urina escaldante, reumatismo e gonorreia.

Shikakai (*Acacia concinna*): São utilizadas as suas folhas e vagens. É utilizada no tratamento da iterícia, da febre da malária, como laxante suave, da biliosidade, promove o crescimento do cabelo, elimina a caspa e as doenças de pele.

Shiras (*Albizzia lebbeck*): Utilizam-se as suas folhas, cascas, flores e sementes. É utilizada para o tratamento da cegueira nocturna, como adstringente, hemorróidas, diaforreia, disenteria, gonorreia, cura furúnculos de goma esponjosa, inchaços, aumento escrofuloso das glândulas e doenças oculares.

Shivan (*Gmelina arborea*): Utilizam-se as suas folhas e raízes. É utilizada no tratamento de uticárias, disenteria, diarreia mucosa, phthisis pulmonalis e doenças escorbúticas, mãos gretadas, abrasões, ulcerações e fissuras no corpo.

Sitaphol (*Annona squamosa*): Utilizam-se as suas folhas, cascas, frutos e sementes. É utilizado para o tratamento de prolapso do ânus de crianças, furúnculos, úlceras, feridas infestadas de moscas, tumores malignos, histeria, diarreia, disenteria aguda, melancolia, doenças da coluna vertebral, um tónico e um abortivo.

Tálulo (*Cassia fistula*): Utilizam-se as suas folhas, raiz e sementes. É utilizado para o tratamento da gonorreia, febre e dores de cabeça, diarreia infantil e como laxante.

Undi (*Calophyllum Inophyllum*): Utiliza-se a casca, a raiz e as folhas. É utilizado para o tratamento de olhos doridos, úlceras, lepra, gonorreia e doenças de pele.

Vad (*Ficus bengalensis*): Utilizam-se os rebentos das folhas, a casca, o látex e as raízes aéreas. É utilizada para o tratamento de diarreia, disenteria, hemorróidas, abcessos, diabetes, dores de dentes e vómitos.

Vonvol (*Mimusops elengi*): Utiliza-se a casca, a raiz, as flores e o fruto. É utilizado no tratamento de febres, problemas dentários, erupções pustulosas da pele, feridas de banho, úlceras, dores de cabeça e como tónico.

Santuários de vida selvagem e parques nacionais de Goa:

Goa é um dos poucos Estados que tem uma área máxima sob proteção legal. Os santuários de vida selvagem de Goa possuem mais de 1 512 espécies documentadas de plantas, mais de 275 espécies de aves, mais de 48 tipos de animais e 60 géneros de répteis. O animal do Estado de Goa é o *Gaur,* a ave do Estado é o *Bulbul amarelo de garganta rubi* e a árvore do Estado é a *Asan.*

O Parque Nacional de Mollem, com uma área de 107 km2, é o único parque nacional de Goa e tem seis santuários de vida selvagem com uma área de 648 km2. Existem seis santuários de vida selvagem em Goa, nomeadamente

1. Santuário de Aves Dr. Salim Ali, Chorao.

2. Santuário de Vida Selvagem de Bondla, Mollem.

3. Santuário de Vida Selvagem de Cotigao, Canacona.

4. Santuário de Vida Selvagem de Mhadei, Valpoi.

5. Santuário de Vida Selvagem de Bhagawan Mahaveer e Parque Nacional de Mollem, Sanguem.

6. Santuário de Vida Selvagem de Netravali, Sanguem.

Quatro destes santuários fazem parte dos Sahyadris, um hotspot de biodiversidade, tornando Goa o único Estado da Índia a proteger toda a secção dos Ghats Ocidentais no seu território. O endemismo é muito elevado nesta zona, com 7 espécies registadas em Goa das 16 endémicas dos Ghats Ocidentais.

1.   Santuário de Aves Dr. Salim Ali:

O famoso Santuário de Aves Dr. Salim Ali é a mais pequena das áreas protegidas de Goa. Trata-se basicamente de um ecossistema de zonas húmidas com densa vegetação de mangue. Esta zona húmida atrai aves migratórias como os *patos pintalgados* em grande número no mês de inverno, de outubro a fevereiro de cada ano. O santuário está situado na ponta ocidental da ilha de Chorao, em Tiswadi Taluka, ao longo do rio Mandovi, a cerca de 4 km de Panaji, a capital de Goa. Trata-se de um mangal, que é um paraíso para os ornitólogos. Este santuário recebeu o nome do famoso ornitólogo indiano Dr. Salim Ali, que também é conhecido por ter visitado o santuário antes de este ter sido declarado área protegida ao abrigo da Rede de Áreas Protegidas. A área do santuário é de 1,78 km2 e tem uma série de canais intercalados. De facto, este santuário é um verdadeiro deleite para quem gosta de aves raras e exóticas.

A Avifauna:

Uma grande variedade de aves migratórias pode ser vista neste santuário durante os meses de novembro a fevereiro. *Patos de cauda fina, corvos-marinhos, patos-reais, galinhas-d'água roxas e galinhas-d'água* são algumas das famosas aves migratórias que podem ser facilmente observadas. Uma grande variedade de aves residentes pode ser observada aqui. Entre elas contam-se *garças, águias, drongos, guarda-rios, milhafres, maçaricos, perna-vermelha, baya (pássaros tecelões), pássaro do sol roxo, pássaros de cauda, Myna de cabeça cinzenta, abibe de boca vermelha, abelharuco verde, jacana de cauda faiscante e poupa.* Para além de ser o centro dos amantes das festas e da praia, Goa é também um local de eleição para os amantes da vida selvagem.

Centro de Interpretação da Natureza:

À entrada do santuário, na ilha de Chorao, encontra-se um centro de interpretação da natureza, que fornece informações sobre a composição florística e sobre algumas das aves que visitam frequentemente o santuário.

Torre de vigia:

Uma torre de vigia de três andares, situada no lado direito do santuário, oferece uma vista panarómica do santuário - abaixo do nível da copa das árvores, ao nível da copa das árvores e acima do nível da copa das árvores da densa vegetação,

2. Vida selvagem de Bondla:

O Santuário de Vida Selvagem de Bondla é o mais pequeno dos santuários de vida selvagem de Goa. O Santuário de Vida Selvagem de Bondla situa-se a 10 km a nordeste da aldeia de Urgao Tisk, no Norte de Goa, a 55 km de Panaji, a 38 km de Margao e a 32 km da cidade de Ponda. Longe da costa, a paisagem desponta no sopé dramático e verdejante dos Ghats Ocidentais. Estes contrafortes abrigam o Santuário de Vida Selvagem de Bondla, que é a mais pequena reserva de vida selvagem de Goa. Este santuário estende-se por uma área de 8 quilómetros quadrados.

Fauna:

Situada nos contrafortes verdejantes dos Ghats Ocidentais, Bondla é o lar do *Sambar Gaur (bisonte indiano) - o mais comprido de cara preta, o chacal e o javali*, entre outros animais. Por vezes, também se avistam aqui elefantes. O Santuário de Vida Selvagem de Bondla alberga um Jardim Botânico, um Parque de Cervos vedado e um Jardim Zoológico. O jardim zoológico é considerado o melhor da região, com recintos bastante espaçosos.

Todos os participantes dos Eventos Nacionais em Goa fizeram uma visita ao famoso Santuário de Vida Selvagem e Jardim Zoológico de Bondla no dia 13th dezembro de 2011. O Sr. Paresh Chandrakanta, o Range Officer do Santuário de Vida Selvagem de Bondla, partilhou a sua experiência com os participantes e guiou os visitantes. Informou que existem 185 espécies de aves, 47 mamíferos, 110 borboletas e 1200 espécies de plantas no Santuário de Vida Selvagem de Bondla. As espécies mais ameaçadas de extinção são os *veados-rato e os hombills*.

O santuário alberga um jardim botânico, um jardim de rosas, um pequeno parque de veados e um jardim zoológico, que foi inicialmente criado para acolher animais órfãos. São oferecidos passeios de elefante no parque. É possível fazer um safari com veados pelo santuário. Foi também criado um pequeno centro de educação sobre a natureza. Este centro é geralmente utilizado para ver vídeos educativos sobre a vida selvagem. Para além de ser o lar de animais, este santuário é também um prazer para observadores de aves e observadores de borboletas.

O Departamento Florestal de Goa instalou cabanas turísticas à entrada do Santuário de Vida Selvagem de Bondla para facilitar o alojamento dos que pretendem passar uma ou duas noites. Estas casas são vulgares, mas bem conservadas. Existe também um restaurante que serve comida simples e saborosa. Se algum visitante quiser reservar a casa para passar um fim de semana ou um feriado, é necessário reservar com antecedência. O Santuário de Vida Selvagem de Bondla permanece encerrado à quinta-feira.

No regresso do Santuário de Vida Selvagem de Bondla, todos os participantes deram um passeio no Centro de Plantação de Especiarias em Opa. Todos os participantes percorreram o centro de plantação de especiarias com o objetivo de se familiarizarem com o modo de cultivo das diferentes especiarias utilizadas na alimentação quotidiana. Neste centro foi também efectuado um lançamento pesado

Chefe de Estado e estudante de Manipur no centro de plantação de especiarias em Opa, em 13th dezembro de 2011.

3. Santuário de Vida Selvagem de Cotigao:

O Santuário de Vida Selvagem de Cotigao está situado a leste de Canacon Taluka, a 86 km de Panaji, a capital de Goa. É o local mais adequado em Goa para explorar florestas muito densas. Foi criado em 1969 para salvar o revestimento florestal na fronteira de Goa e Karnataka. Este santuário de vida selvagem estende-se por 85,65 quilómetros quadrados de floresta mista de folha caduca. Este santuário de vida selvagem inspira todos os amantes das árvores. Um rio chamado Talpona atravessa o santuário, enquanto o outro rio, Gagibaga, atravessa a fronteira sul de Cotigao. Uma estrada atravessa o santuário de vida selvagem.

Flora:

As árvores de folha caduca húmida são a vegetação principal do Santuário de Cotigao. Algumas das árvores atingem alturas de até 30 metros. Esta vegetação é intercalada por florestas semi-verdes e sempre-verdes.

Fauna:

Infelizmente, o Santuário de Vida Selvagem de Cotigao oferece vistas limitadas da vida selvagem. A razão é que todos os tigres e leopardos das florestas foram caçados há muito tempo. No entanto, encontrámos ali *javalis*, duas espécies de *macacos e gaivotas*, bem como outros animais, incluindo *bisontes, langures, pangolins, veados, panteras negras, gazelas, porcos-espinhos, ursos-preguiça, hienas e panteras, etc.,* para além destes animais.

Pode subir uma escada de 18 m de altura para um abrigo no topo de uma árvore e terá uma vista pitoresca do poço de água situado muito perto e dos seus arredores cénicos. Caminhe até ao local encantador do *lago Bela*. Este lago no interior do santuário fica apenas a 2,5 km do complexo de ecoturismo Hathipal do Departamento Florestal de Goa. Uma visita ao Centro de Interpretação da Natureza, que tem várias exposições botânicas e faunísticas, é uma diversão interessante. Existem também vários Bandhras e charcos encantadores no Santuário de Vida Selvagem de Cotigao. Subida a uma torre de 3 m de altura em Tulsimol, onde se podem ver animais que vêm beber água, especialmente durante a manhã e ao fim da tarde.

4. Santuário de Vida Selvagem de Mhadei:

Localizado em Sattari Taluka, perto da cidade de Valpoi, o Santuário de Vida Selvagem de Mhadei é rico em biodiversidade e está a ser considerado para ser promovido como uma das Reservas do Projeto Tigre devido à presença de *Tigres Reais de Bengala*. Muito conhecido pelas espectaculares quedas de água, como *Vazra Sakla e Virdy Falls*, na região de Chorla Ghats, este ponto de biodiversidade foi classificado como uma zona de elevado endemismo pela Conservation International.

Fauna:

Os amantes dos animais podem apreciar o vislumbre do *gaur indiano, do veado que ladra, do veado de Sambhar, do mangusto, do ciuvet de palma asiático e do langur de cara preta. No entanto, o leopardo, o urso-preguiça, a pantera negra, o dhole, o veado-rato, o gato da selva, o pangolim indiano e o lóris esguio, em vias de extinção, etc.,* são raros neste santuário.

Também galardoado com o título de Zona Internacional de Aves, o Santuário de Vida Selvagem de Mhadei alberga um grande número de *papa-moscas de barriga branca, periquito de Malabar, pombo-torcaz de Nilgiri, calau cinzento de Malabar, tagarela-ruiva, bulbul de cabeça cinzenta e pássaro-sol de dorso carmesim, etc.*

5. Santuário de Vida Selvagem de Bhagawan Mahaveer e Parque Nacional de Mollem:

O Santuário de Vida Selvagem de Bhgawan Mahaveer e o Parque Nacional de Mollem estão situados em Sanguem Taluka. É o maior de todos os santuários de vida selvagem de Goa, com uma área de 240 quilómetros quadrados de área protegida nos Ghats Ocidentais. Para além de ser rico em flora e fauna, inclui numerosos templos da dinastia Kadamba e a famosa cascata de Dudhsagar.

Flora:

A vegetação intacta é constituída por florestas tropicais de folha perene e semi-perene e por florestas húmidas de folha caduca.

Fauna:

Juntamente com numerosos riachos de água perene, o Santuário de Vida Selvagem de Mahaveer é um habitat perfeito para uma infinidade de aves e animais. O domínio é também o lar *das manadas de búfalos nómadas de Dhangar. Mamíferos como a pantera, o veado que ladra, o tigre de Bengala, o leopardo, o macaco de Bonnet e o sambar podem ser avistados juntamente com aves como o mórmon azul, o jezebel comum, o mórmon comum e o tigre das planícies, etc.*

6. Santuário de Vida Selvagem de Netravali:

A mais recente adição aos encantadores Santuários de Vida Selvagem de Goa, o Santuário de Vida Selvagem de Netravali está situado em Sanguem Taluka, na parte oriental de Goa, cobrindo uma área aproximada de 211 quilómetros quadrados dos encantadores Ghats Ocidentais. O seu nome deriva do *Netravali ou Neturli,* um importante afluente do rio Zuari, que é também uma fonte de água doce extremamente importante na região.

Flora:

Juntamente com uma espetacular variedade de vida selvagem e terreno, este santuário também tem algumas das encantadoras coberturas florestais com bosques húmidos de folha caduca fundidos maravilhosamente com manchas semi-perenes e perenes.

Fauna:

É o lar de avifauna como o *pombo-torcaz de Nilgiri, o bulbul de cabeça cinzenta, o grande calau-de-palha e* de *borboletas como o rajá-preto, o barão-da-índia e a ninfa do Malabar.* Melhor visitado nos meses de outubro a março, o Santuário de Vida Selvagem de Netravali atrai muitos amantes da natureza com as suas florestas cintilantes, juntamente com numerosas cascatas e riachos perenes.

6. Gestão dos ecossistemas costeiros em Goa

Introdução:

As costas podem ser classificadas numa grande variedade de ambientes e comunidades. Estas incluem formas naturais (tais como falésias, costas rochosas, costas arenosas, estuários, deltas, lagoas, águas de fundo, mangais, lodaçais, pântanos salgados, florestas de kelp, leitos de ervas marinhas, recifes de coral, etc.), bem como formas criadas pelo homem (tais como salinas e lagoas de aquicultura). Estes habitats diversos coexistem frequentemente. Por conseguinte, torna-se difícil identificar localizações e extensões exactas, ou delinear fronteiras claras entre eles.

A Avaliação Ecossistémica do Milénio considerou as zonas situadas a menos de 50 metros de profundidade ao largo da linha costeira e até um máximo de 100 km ou 50 metros de elevação ao largo da linha costeira (o que estiver mais próximo do mar). A linha que separa a água e a terra é a linha de costa. No entanto, é difícil traçar uma linha precisa que possa ser chamada de linha costeira devido à ação constante das marés (Anon, 2009).

Os ecossistemas costeiros são únicos porque a terra e a água se encontram aqui para criar um ambiente com uma estrutura, diversidade e fluxo de energia distintos. Abrangem um conjunto de habitats mais diversificado do que qualquer outro ecossistema. Recifes de coral, mangais, zonas húmidas de maré, leitos de ervas marinhas, ilhas-barreira, estuários, pântanos de turfa e uma variedade de outros habitats - cada um fornece o seu próprio conjunto distinto de bens e serviços. Devido à variedade de habitats, o ecossistema costeiro alberga muitas espécies diferentes de plantas e animais. Os habitats também interagem entre si e dependem uns dos outros.

O termo *"Zona Costeira"* é uma zona espacial onde ocorre a interação dos processos do mar e da terra. O Relatório de Avaliação do Ecossistema do Milénio de 2005 (MEAR) define a zona costeira como uma faixa mais estreita de área terrestre dominada por influências oceânicas de marés e aerossóis marinhos. No entanto, o termo zona costeira é mais utilizado no contexto da gestão costeira, pelo que a sua definição difere de país para país.

Coastal Habitats in India (Habitats costeiros na Índia):

A Índia tem a sétima maior linha costeira do mundo. Com mais de 7500 km, esta linha costeira está longe de ser uniforme. Pelo contrário, é caracterizada por uma variedade de formas - desde praias arenosas a costas rochosas. Estuários, lagoas, salinas e lodaçais encontram-se em diferentes locais ao longo desta longa extensão. As florestas de mangais formam ecossistemas únicos, assim como os recifes de coral ao largo da costa, juntamente com ervas marinhas, leitos e florestas de algas. A nossa costa é única não só pelos seus habitats e ecologia, mas também pela sua rica história e geografia. Os Habitats Costeiros da Índia (Anon, 1993) estão representados no Quadro 6.1:

Quadro 6.1

Habitats costeiros na Índia

Estado	N.º de Sítio Costeiro	Nome do sítio	Categoria Costeira
Bengala Ocidental	1.	O Sunderban	Costas arenosas, estuários, mangais, lodaçais
	2.	BhiarkanikaSantuário de vida selvagem	Costas arenosas, estuários, mangais, lodaçais
	3.	Delta do Mahanadi	Manguezais, lodaçais
	4.	Lago Chilka	Lagoa
Andhra Pradesh	5.	Santuário de vida selvagem de Coringa	Manguezais, lagoas
	6.	Manguezais de Krishna	Manguezais
	7.	Terras húmidas de Perali Poguru Bapatla	Manguezais, lodaçais
	8.	Lago Pulicat	Lagoa, lodaçal
Tamil Nadu	9	Estuário de Adyar	Estuário
	10.	Tanque de Kaliveli e estuário de Yedaysanthittu	Estuário, lagoa, lodaçal
	11.	Manguezais de Pichavaram	Manguezais, lagoas, estuários
	12.	Pântano de Puthupalli Alam	Pântano salgado
	13.	Ponto Calimere e Vedaranayam	Costas arenosas, lodaçais, lagostim, mangais
	14.	Parque Nacional Marinho do Golfo de Mannar	Recifes de coral, pradarias de ervas marinhas, mangais
Kerala	15.	Cochin Backwaters	Lagoas, estuários, mangais (maioritariamente destruídos)
	16.	Floresta de mangue de Puduvyppu	Manguezais
	17.	Estuário de Kadalundi	Estuário, lagoa, lodaçal, pântano salgado
Karnataka	18.	Estuários da costa de Karnataka (Kollur-Chgakra Nadi-Haladi,	Costa arenosa, costa rochosa, estuários, lagoas, lodaçais, mangais

		Shrvati-Dhareshwar, Agnashini, Gangavali, Kalinadi	
Goa	19.	Ilha de Chorao	Estuários, mangais
	20.	Complexo Estuarino de Mandovi-Uari	Estuários, mangais, lodaçais
Maharashtra	21.	Manguezais de Ratnagiri	Estuários, mangais
	22.	Parque dos mangais de Sewri	Manguezais, lodaçais
Gujarat	23.	Golfo de Khambhat	Estuários, lodaçais, mangais, recifes de coral
	24.	Golfo de Kachchh	Lodaçais, recifes de coral, mangais, costa arenosa, lagoas
	25.	Zonas húmidas da península de Kachchh	Estuários
	26.	Grande Rann de Kachchh	Salinas, mangais, lodaçais
Andamão e Ilhas Nicobar	27.		Mangues, estuários, costas arenosas, recifes de coral, lodaçais
Lakshadweep Ilhas	28.		Recifes de coral, lagoas, pradarias de ervas marinhas, costas arenosas

Fontes: Diretório das zonas húmidas da Índia, 1993, WWF-Índia e Asian Wetland Bureau.

O Mapa 6.1 seguinte mostra os Habitats Costeiros na Índia:

MAPA 6.1 HABITATS COSTEIROS NA ÍNDIA

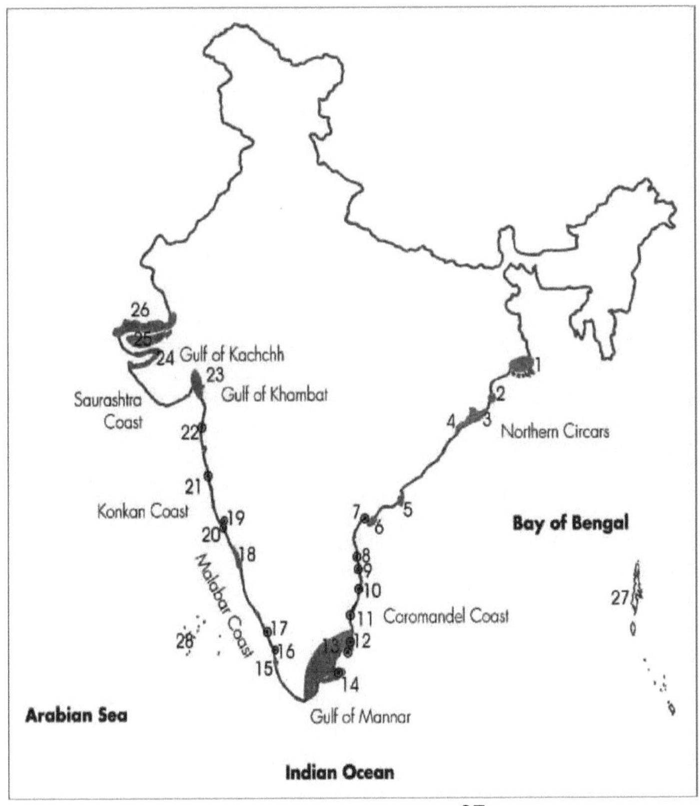

Fontes: GOVERNO DA ÍNDIA (2006): CEE's NatureScope India: Diving into Ocean, Human Resource Development, Nova Deli, p.64.

Compreender os ecossistemas costeiros em Goa:

A frente marítima de Goa é caracterizada pela combinação de praias, costas rochosas e promontórios, que se projectam no mar. Dos 105 km de costa, mais de 7 km são constituídos por praias arenosas, incluindo as que se encontram dentro de estuários, todas elas cobertas por várias filas de dunas de 1 a 10 m de altura que se estendem por quase meio quilómetro ou mais antes de se fundirem com a planície costeira do interior.

De um modo geral, as planícies costeiras de Goa são constituídas por um intrincado sistema de zonas húmidas, pântanos de maré, arrozais cultivados, todos intersectados por canais, diques interiores, baías, lagoas e riachos. Sete grandes rios estuarinos dinâmicos atravessam a zona costeira de Goa. Todos os rios e os extensos remansos do interior são regidos por marés regulares. As proeminentes planícies adjacentes à maioria dos rios são conhecidas localmente como *"Terras de Khazan"*. "

A zona costeira de Goa tem sido exclusivamente utilizada para a agricultura, a criação de gado, a pesca de marisco, a pesca tradicional e a recreação discreta. Goa é muito rica em diversidade de mangais. Mandovi e Zuari são dois estuários de Goa.

Goa é um dos 9 Estados costeiros do país. Tem uma linha costeira de cerca de 105 kms e situa-se na costa do Konkan. O número de centros de desembarque de peixe é de 34 e o número de aldeias piscatórias é de 39. Os principais recursos costeiros de Goa são:

1. **Manguezais:** As florestas de mangais são consideradas as zonas húmidas mais produtivas e ricas em biodiversidade do planeta. Proporcionam um habitat essencial para uma flora e fauna marinhas e terrestres diversificadas. A existência de florestas de mangais saudáveis é fundamental para uma ecologia marinha saudável.

2. **Placares:** Os placers são depósitos de metais preciosos extraídos de bancos de areia ou depósitos aluviais e outros minerais. A costa de Goa tem depósitos em bolsas e também ao longo do fundo do mar com profundidades que variam entre 1 e 17 metros.

3.

4. **Principais portos:** Marmugão é o principal porto do Estado. Marmugao movimenta navios de carga. Os portos secundários situam-se em Panaji, Tiracol, Chapora Betal e Talpora, dos quais Panaji é o principal porto operacional. Foi também ativado um cais off-shore em Panaji.

5. **Estuários**: Mandovi e Zuari são dois estuários em Goa, que são considerados como linha de vida da economia de Goa. Os canais principais destes estuários estendem-se por cerca de 50 km de comprimento, com um canal estreito, o canal de Cumbarjua, a interligá-los. A estes dois estuários juntam-se vários rios/rivulteiros. Ao longo do curso destes rios, encontra-se um intrincado sistema de zonas húmidas, pântanos de maré e arrozais cultivados, interligados por canais, lagos interiores, baías, lagoas e riachos regidos por marés regulares. Os estuários são bordejados por um crescimento luxuriante de mangais, que desempenham um papel importante na proteção da costa contra a ação das ondas e dos ventos fortes.

A rede estuarina de Mandovi e Zuari, juntamente com o canal de Cumbarjua, é muito utilizada para o transporte de mercadorias (principalmente minério de ferro), para a pesca e para a descarga de resíduos domésticos e industriais. O aumento da população e das actividades industriais em Goa, durante as últimas décadas, aumentou a dependência do Estado da referida rede.

Os estuários, as florestas de mangais e os lodaçais da ilha de Chorao e do complexo estuarino de Mandovi-Zuari formam ecossistemas únicos de Goa na costa do Konkan. Os coqueiros e as bananeiras crescem em abundância ao longo de toda a linha da costa do Konkan. Os estuários e os pântanos da costa do Konkan suportam a mais vasta gama de serviços. Um dos processos mais importantes é a mistura de nutrientes provenientes de fontes a montante e das marés, o que faz dos estuários um dos ambientes costeiros mais férteis.

6. **Dunas de areia:** Goa, situada ao longo da costa ocidental da Índia, tem belas extensões de costas arenosas e praias com um ecossistema caraterístico de dunas de areia de importância económica e ecológica vital. As dunas não são mais do que montes

de areia à deriva na praia. A estrutura das dunas e das praias de areia muda constantemente devido ao seu carácter dinâmico. A distribuição das dunas de areia em Goa estende-se pelas seguintes zonas (Desai, K. N. et al, 2002):

1.   Setor Keri-Morjim com praias virgens caracterizadas por dunas estáveis e locais de nidificação de tartarugas.

2.   Cintura Chapora-Sinquerim com sistema dunar degradado devido ao turismo

3.   Caranzalem-Miramar, com o seu cinturão dunar proeminente.

4.   O troço Velsao-Mobor é a faixa mais longa do sistema dunar mais requintado de toda a zona costeira de Goa.

5.   Troço Talpona-Galgibag com dunas de areia proeminentes.

Ameaças às dunas de areia em Goa:

O sistema de dunas costeiras de Goa tem estado ameaçado devido à pressão da população, das actividades de desenvolvimento, do turismo e da construção. Alguns dos factores responsáveis pela degradação das dunas são as actividades de construção, a extração de areia, a construção de estradas, as actividades recreativas, o lixo nas praias e a entrada de água salgada.

Gestão costeira na Índia:

A gestão do ecossistema com os seus diversos habitats coloca uma série de desafios de gestão. Não existe uma solução única para resolver o problema. A competência e a qualidade da 'Gestão' tornam-se assim importantes para a eficácia e o sucesso da manutenção de ecossistemas saudáveis e da sustentação dos serviços ecosistémicos. A abordagem de gestão, portanto, pode exigir uma perspetiva diferente. Uma dessas abordagens, 'a Abordagem Ecosistémica', que vê o ecossistema como 'decisão central' para a tomada de decisões e planeamento, é introduzida aqui.

A "Abordagem Ecossistémica" integra as preocupações ambientais no planeamento do desenvolvimento, a fim de sustentar os serviços ecossistémicos, orientando assim o processo de planeamento do desenvolvimento e gestão costeiros. Tem em conta os factores de mudança e os seus impactos no ecossistema, a fim de gerir o sistema costeiro.

A Abordagem Ecossistémica é uma abordagem ao planeamento do desenvolvimento em que os recursos naturais e as pessoas, bem como a sua utilização dos recursos, são fundamentais para a tomada de decisões e o planeamento. É uma estratégia para a gestão integrada da terra, da água e dos recursos vivos e actividades que promovem a conservação e a utilização sustentável dos recursos de uma forma equitativa. A abordagem ecossistémica pode ser utilizada para procurar um equilíbrio adequado entre a conservação e a utilização da diversidade biológica em zonas onde existem múltiplos utilizadores de recursos e valores naturais importantes. É, portanto, de grande relevância para os gestores costeiros. A Abordagem Ecossistémica evoluiu durante a Conferência das Nações Unidas sobre Ambiente e Desenvolvimento (UNCED, 1992) na Convenção das Nações Unidas sobre a Diversidade Biológica (CBD). É o principal quadro de ação que visa a conservação de espécies biologicamente diversas, embora a abordagem incida em todos os ecossistemas.

Princípios da abordagem ecossistémica:

1.   Os objectivos da gestão da terra, da água e dos recursos vivos são uma questão de escolha da sociedade.

2.   A gestão deve ser descentralizada para o nível mais baixo adequado.

3.   Os gestores dos ecossistemas devem considerar os efeitos (reais ou potenciais) das suas actividades nos ecossistemas adjacentes e noutros ecossistemas.

4.   Reconhecendo os ganhos potenciais da gestão, há normalmente uma necessidade de compreender e gerir o ecosistema num contexto económico. Qualquer programa de gestão ecosistémica deve

i)   Reduzir as distorções do mercado que afectam negativamente a diversidade biológica;

ii)   Alinhar os incentivos para promover a conservação e a utilização sustentável da biodiversidade; e

iii) Internalizar os custos e benefícios num determinado ecossistema, na medida do possível.

5. A conservação da estrutura e do funcionamento dos ecossistemas, para manter os serviços ecossistémicos, deve ser um objetivo prioritário da abordagem ecossistémica.

6. Os ecossistemas devem ser geridos dentro dos limites do seu funcionamento.

7. A abordagem ecossistémica deve ser efectuada às escalas espaciais e temporais adequadas.

8. Reconhecendo as escalas temporais variáveis e os efeitos retardados que caracterizam os processos ecossistémicos, os objectivos para a gestão ecossistémica devem ser estabelecidos a longo prazo.

9. A administração deve reconhecer que a mudança é inevitável.

10. A abordagem ecossistémica deve procurar o equilíbrio adequado entre a conservação e a utilização da diversidade biológica, bem como a sua integração.

11. A abordagem ecossistémica deve ter em conta todas as formas de informação relevante, incluindo os conhecimentos científicos, indígenas e locais, as inovações e as práticas.

12. A abordagem ecossistémica deve envolver todos os sectores relevantes da sociedade e as disciplinas científicas.

Princípios de organização:

Os 12 princípios foram organizados em cinco passos que envolvem uma série de acções. Os cinco passos para a implementação da abordagem ecossistémica são os seguintes:

1. Determinar os principais intervenientes, definir a área do ecossistema e desenvolver a relação entre eles.

2. Caracterizar a estrutura e a função do ecossistema e criar mecanismos para a sua gestão e monitorização.

3. Identificar as questões e actividades económicas importantes que afectarão o

ecossistema e os seus habitantes.

4.   Determinar o impacto provável do ecossistema nos ecossistemas adjacentes..,

5.   Decidir sobre objectivos a longo prazo e formas flexíveis de os atingir.

Estratégias para a sustentabilidade dos recursos costeiros:

Os recursos ambientais costeiros fornecem habitats para espécies marinhas, que por sua vez constituem a base de recursos para um grande número de pescadores, proteção contra fenómenos meteorológicos extremos, uma base de recursos para o turismo sustentável, a agricultura e os meios de subsistência urbanos. Nos últimos anos, tem-se verificado uma degradação significativa dos recursos costeiros, cujas causas imediatas incluem assentamentos humanos mal planeados, localização inadequada de indústrias e infra-estruturas, poluição proveniente de indústrias e assentamentos e exploração excessiva dos recursos naturais vivos. Tendo em conta estes efeitos adversos nos recursos costeiros, serão adoptadas as seguintes medidas (GOI, 2009):

i)   Manter a gestão sustentável dos mangais no regime regulamentar do sector florestal, assegurando que estes continuam a proporcionar meios de subsistência às comunidades locais.

ii)   Divulgar as técnicas disponíveis para a regeneração dos recifes costeiros e apoiar as actividades baseadas na aplicação dessas técnicas.

iii)   Incorporar considerações sobre a subida do nível do mar nos planos de gestão costeira. iv) A Índia aprovou a notificação da Zona de Regulamentação Costeira (CRZ) em fevereiro de 1991 e a Gestão Integrada da Zona Costeira (ICZM) para garantir a proteção do ambiente costeiro na Índia. As suas regras e regulamentos assentam firmemente em princípios científicos. Os projectos específicos devem ser compatíveis com a aprovação dos planos de GIZC.

Zona de Regulamentação Costeira (CRZ):

De acordo com a Lei de Proteção do Ambiente de 1986, foi emitida uma notificação em fevereiro de 1991 para a regulamentação das actividades na zona costeira pelo

Ministério do Ambiente e das Florestas (MoEF). De acordo com a notificação, a terra costeira até 500 m da linha de maré alta (HTL) e uma extensão de 100 m ao longo das margens de riachos, estuários, águas de retorno e rios sujeitos a flutuações de maré, é declarada como Zona de Regulamentação Costeira (CRZ). A ZRC ao longo do país foi classificada em quatro categorias. A notificação acima referida inclui apenas a zona entre-marés e a parte terrestre da zona costeira, não incluindo a parte oceânica. A notificação impôs restrições à criação e expansão de indústrias ou instalações de transformação, etc., na referida ZRC.

Autoridade de Gestão da Zona Costeira de Goa (GCZMA):

Em cumprimento da notificação do Governo da Índia no Ministério do Ambiente e das Florestas número 995 (E), datada de 26th de novembro de 1998, o Governo Central constitui uma autoridade que será designada por Autoridade de Gestão da Zona Costeira do Estado de Goa (GSCZMA) com o objetivo de proteger e melhorar a qualidade do ambiente costeiro e prevenir, reduzir e controlar a poluição ambiental nas zonas costeiras do Estado de Goa. Todas as "construções/desenvolvimentos" (incluindo casas, hotéis e estâncias) localizadas num raio de 500 mts. da linha de maré alta (HTL) ao longo da costa marítima e a menos de 100 mts. (ou da largura da massa de água, consoante o que for menor) da HTL nas margens de rios/riachos/águas de fundo, influenciadas pela ação das marés, requerem autorização prévia ao abrigo da CRZ Notification de 1991 (GOI, 2009).

7. Ecossistemas florestais de mangais de Goa

Introdução:

Os ecossistemas florestais de mangais incluem espécies de plantas tolerantes ao sal que ocorrem em zonas entre-marés de rios e mares, sob a forma de faixas estreitas ou de manchas extensas em habitats estuarinos e deltas de rios de regiões tropicais e subtropicais. Um ambiente abrigado com afluxo de água salobra, solos lodosos estuarinos e deltaicos, boa precipitação (1000 mm-3000 mm) e temperatura entre 26 C-35^{00} C são considerados habitats ideais para um crescimento luxuriante e rico dos mangais (GOI, 2015). As florestas de mangue são consideradas as zonas húmidas mais produtivas e biodiversas do planeta. Proporcionam um habitat crítico para uma flora e fauna marinhas e terrestres diversificadas. A existência de florestas de mangais saudáveis é fundamental para uma ecologia marinha saudável.

Floresta de mangais no rio Mandovi, na ilha de Chorao

As florestas de mangais fornecem uma vasta gama de serviços e benefícios ecossistémicos à humanidade. São fundamentais para garantir a segurança ecológica e os meios de subsistência das populações das regiões costeiras. Desempenham um papel fundamental na estabilização da terra através do transporte de sedimentos, da ciclagem de nutrientes, da transformação de poluentes, da criação de habitats para organismos marinhos e do fornecimento de lenha, madeira e recursos haliêuticos às comunidades costeiras. Actuam como quebra-ondas, protegendo a costa das tempestades e proporcionando refúgios seguros para os seres humanos (GOI, 2009). Os mangais são um tipo muito especial de árvores que vivem e crescem ao longo das margens salgadas e rochosas dos estuários e das costas marítimas lamacentas, nas ilhas oceânicas e mesmo nos recifes de coral. Sobrevivem sob as marés diárias e com uma dieta salgada - condições em que qualquer outra árvore pereceria.

O que é que torna os mangais resistentes ao sal? Muitas espécies de mangais filtram até 20% do sal presente na água do mar quando esta entra nas suas raízes. Alguns mangais absorvem a água do mar, extraem o sal com glândulas especiais e depois segregam-no das suas raízes. Outros concentram o sal nas folhas mais velhas da árvore - aquelas que estão prestes a cair. Assim, o sal faz pouco mal.

Tal como as plantas do deserto, os mangais armazenam água doce nos espinhos, um revestimento ceroso nas folhas de algumas espécies de mangais que sela a água e minimiza a evaporação. Outras espécies têm pequenos pêlos nas folhas que desviam o vento e a luz solar, aumentando assim a perda de água. Nalgumas espécies de mangais, os estomas (pequenas aberturas através das quais os gases entram e saem durante a fotossíntese) estão enterrados abaixo da superfície da folha, longe do vento e do sol que secam.

Os mangais têm de se adaptar não só à vida na água salgada, mas também ao crescimento num solo estável onde as raízes se podem fixar. Os mangais fixam-se ao solo através da emissão de raízes longas a partir dos troncos e dos ramos. Os sistemas radiculares que se elevam sobre a água são uma caraterística distintiva de muito poucas espécies de mangais. Estes sistemas actuam como estacas para apoiar a árvore e evitar que ela tombe.

As águas límpidas onde vivem contêm demasiado oxigénio, mas os mangais também têm uma solução engenhosa para este problema. As árvores enviam um segundo sistema radicular que respira ar, não para baixo, mas para cima da lama, como o snorkel de um mergulhador! Estas "raízes aéreas" chamam-se *pneumatóforos*. Para além das escoras que descem e das raízes que sobem, o emaranhado de raízes na base do mangal retém a fenda e os detritos do mar, bem como as folhas caídas da própria árvore. Com o tempo, esta acumulação ajuda a criar mais área de terra à volta das árvores de mangue. E um novo habitat é criado.

A descendência das árvores de mangue é tão notável como os seus progenitores. As sementes de alguns mangais germinam na lama, produzindo um caule pontiagudo com cerca de 30 cm de comprimento, com raízes e folhas recém-formadas. São *chamadas de propágulos* se caírem na água na maré baixa, o caule fixa-se na lama abaixo e está pronto para criar raízes imediatamente. Se a planta jovem for arrastada para o mar, pode eventualmente atingir uma barra de areia ou um recife de coral e começar a crescer aí. Alguns dias, dadas as condições certas, este mangal e a sua descendência podem dar início a um mangal próprio.

O mundo de um mangal está representado na ilustração seguinte (GOI, 2006):

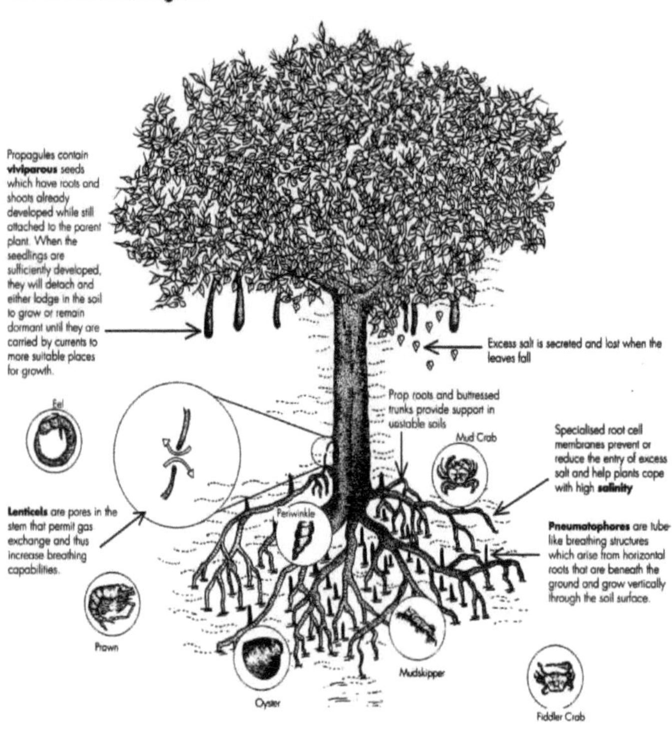

Life in a Mangrove
Crustaceans: Shrimps, lobsters, barnacles
Insects: Mosquitoes, Beetles, Ants
Amphibians: Frogs
Reptiles: Saltwater crocodile, snakes, water monitor lizards, turtles
Birds: Egrets, Herons, Kingfishers, Warblers, Mangrove Whistlers, Pelicans, Sandpipers, Storks, Sea Eagles, Flamingoes and others
Mammals: Tiger, Gangetic dolphins, monkeys, deer, wild boar, fox, otter

Source: CEE's NatureScope India
Diving into Oceans

Distribuição da cobertura florestal dos mangais de Goa:

A cobertura florestal de mangais na Índia representa cerca de 5% da vegetação de mangais do mundo e está espalhada por uma área de 4.500 km2 nos Estados costeiros do país. Existem mangais em Sunderbans (Bengala Ocidental), nas regiões deltaicas de Mahanadi da zona de Bhitarkanika (Orissa), no delta de Krishna e Godavari em

Andhra Pradesh, na orla costeira das ilhas Andaman e Nicobar, nos recifes de coral e na orla continental do Golfo de Kutchchh, nas regiões deltaicas da ribeira de Kori na costa de Gujarat e em Pichavarm-Vedaranyam da costa de Tamil Nadu. Os mangais de Sunderbans são o maior bloco único de mangais halófitos de maré do mundo. (GOI, 2009).

A cobertura florestal dos mangais de Goa representa apenas 26 quilómetros quadrados, o que representa apenas 0,2% da cobertura florestal total dos mangais do país (GOI, 2015). A cobertura florestal de mangais de Goa, em termos distritais, é apresentada no Quadro 7.1

Tabela-7.1

Cobertura florestal por distrito em relação à cobertura florestal dos mangais de Goa

SL n.º.	Distrito	Geog. Área (Sq. Km.)	Cobertura florestal (km2)					Cobertura florestal de mangue (km2)				
			Floresta muito densa	Floresta Moderadamente Densa	Floresta aberta	Total	%	Mangue muito denso	Mangue moderadamente denso	Mangue aberto	Total	%
1.	Norte de Goa	1,736	127	232	565	924	56.23	0	17	3	20	76.92
2.	Sul de Goa	1,966	415	348	537	1,300	66,12	0	3	3	6	23.08
Total		3,702	542	580	1,102	2,224	60.08	0	20	6	26	100

Fontes: Compilado a partir de GOI: India State of Forest Report, 2015, Forest Survey of India, Dehra Dun, p.66 & p.141.

Diversidade dos mangais em Goa

Foram registadas mais de 59 espécies de mangais em todo o mundo, das quais 45 espécies se encontram na Índia. 12 destas espécies vivem nas águas salgadas de Goa.

A associação floral com os mangais são: *Derris heterophylla, Clerodendron, Acrostichum aureum, Cyperus spp., porteresia coaretata, Ceasalpinia crista, Salvadopra persica, Halophila beccarii, Lannea grandis, Abrus Precatorius, Thespesia polpulne, etc.*

A fauna associada aos mangais é a seguinte: *Pato-de-bico-vermelho, galeirão, galinha-d'angola, corvo-marinho, pato-bravo, andorinha-do-mar, garça-real, garça-branca-pequena, garça-branca-grande, milhafre-real, milhafre-real, guarda-rios pequeno, guarda-rios de orelhas azuis, guarda-rios de peito branco, gaio-rolo ou gaio-azul, Garça-real, Garça-dos-recifes, Maçarico-real, Comedor de abelhas verde, Drongo-preto, Drongo-cinzento, Mina-de-cabeça-grande, Torta-das-árvores, Picanço-*

pequeno, Picanço-grande, Raposas-voadoras (morcegos), Crocodilos, Tartarugas, Lontras, Chacais, Cobras, Caranguejos, Ostras, Peixes, etc.

Problemas enfrentados pelos mangais em Goa:

A pressão crescente sobre os recursos naturais levou a que os mangais fossem explorados para além do seu potencial sustentável. A recuperação e a exploração dos mangais para a instalação humana e a agricultura ameaçaram uma série de espécies. Algumas espécies, como *a Kandelia Rheedii*, já estão à beira da extinção. Alguns dos problemas enfrentados pelos mangais de Goa são

1. Conversão para agricultura, habitação humana, aquicultura e outras actividades de desenvolvimento.

2. Abate de árvores para lenha, madeira, etc,

3. Pesca com redes de arrasto, que danifica as culturas jovens regeneradas.

4. Falta de infra-estruturas de proteção adequadas e apropriadas.

5. Movimento de barcaças que transportam minérios, causando o arrancamento de mudas e a erosão.

6. \poluição através de fugas de óleo, deposição de resíduos sólidos, por exemplo, sacos de polietileno.

A perda de biodiversidade, os efeitos adversos nas praias, dunas, mangais, massas de água e terras de Khazan degradaram o ambiente costeiro e os serviços ecológicos, deteriorando a qualidade de vida e aumentando a vulnerabilidade da costa de Goa às catástrofes. Apercebendo-se das consequências ambientais ao longo da costa, Goa está agora a deslocar as actividades de desenvolvimento para o interior, ao longo dos rios, dos remansos e das terras florestais, também em nome do ecoturismo (Anon, 2009).

8. Mergulhar na ilha de Chorao

Introdução:

No dia 14th de dezembro de 2011, a viagem mais emocionante e memorável do trilho da natureza foi um mergulho na ilha de Chorao em Goa. Neste dia, todos os participantes tiveram a oportunidade de experimentar e compreender o ecossistema único dos mangais e o mundo dos oceanos. O percurso natural pela ilha de Chorao começou com o embarque no ferry em Ribandar, que fica a 4 km de Panaji, a capital de Goa. Em 10 minutos, todos os participantes desembarcaram pela primeira vez na rampa do ferry de Chorao e abrigaram-se no escritório de receção onde se encontra o famoso Santuário de Aves Dr. Salim Ali. Este santuário recebeu o nome do famoso ornitólogo indiano Dr. Salim Ali, que também é conhecido por ter visitado o santuário antes de este ter sido declarado área protegida ao abrigo da Rede de Áreas Protegidas.

A ilha de Chorao está situada na margem do rio Mandovi, perto de Ilhas, Goa, Índia. É uma das mais famosas ilhas de mangais, cobrindo uma área de 26 040 km^2 e cultivando uma variedade de vegetação de mangais. Tal como o rio Mandovi alimentou a Velha Goa num passado distante, continua a dar sustento à moderna capital, Panjim, onde a forma do futuro de Goa é decidida e moldada. O rio Mandovi está ligado ao seu irmão, o rio Zuari, pelo canal de Cumbarjua. A ilha de Chorao situa-se a 4 km de Panjim, a capital de Goa. Antigamente, esta ilha era conhecida como *"Choramani"*, que significa "pedra preciosa atordoante" em sânscrito. As lendas locais contam que as ilhas surgiram de diamantes que foram deitados fora por Yasoda, a mãe do Senhor Krishna. Os habitantes da ilha chamam-lhe Chodan ou Chodna. Esteve ligada a Miramar até 1983. Devido ao aquecimento global que provocou um aumento do nível dos mares, tornou-se uma ilha que se divide com Miramar pelo rio Mandovi. No passado distante, ou seja, antes da década de 1980, esta ilha era um bom campo de arroz, uma vez que se formaram muitos pântanos. As pessoas de Markai, outras partes de Goa, costumavam vir para este arrozal e cultivavam arroz. A principal cultura de arroz cultivada nesta zona é o *"korgul"*. No âmbito do sistema de utilização das terras *"komnidas"*, muitas pessoas de diferentes locais juntavam-se e trabalhavam em conjunto. Havia *"Gonenkas"*, o acionista que geria todos os arrozais, conhecidos como *"terras de Khazan"*, e vendia as colheitas de arroz em leilão (WWW.http://envfor.nic.in).

O mapa 8.1 seguinte mostra a ilha de Chorao em Goa:

MAPA 8.1 CHORAO ILHA DE GOA

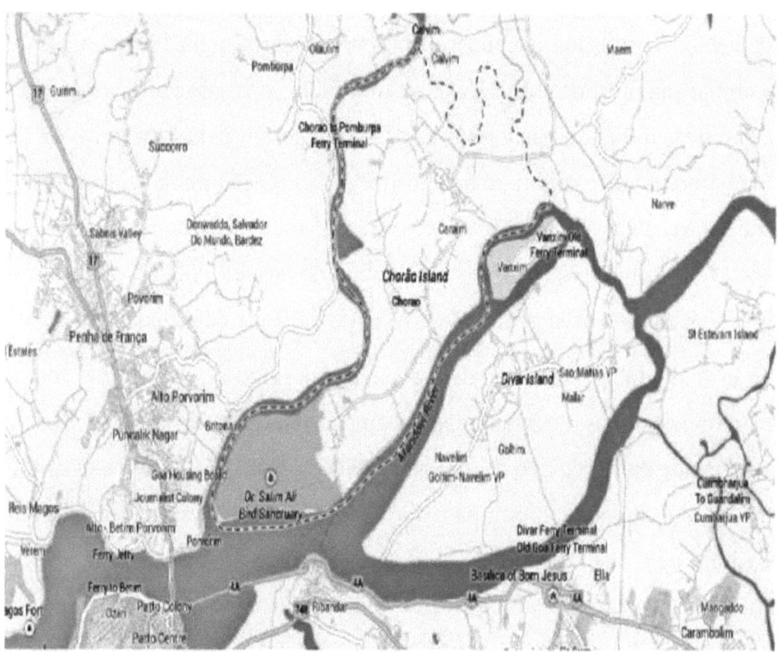

A ilha de Chorao tem um bom sistema de drenagem. Esta ilha está protegida por muros de pedra em toda a área circundante e foram construídos diques para impedir a entrada da água do mar. Estes diques são abertos quando a maré baixa e fechados quando a maré alta. Atualmente, a pesca marítima é a principal ocupação da população de Chorao. Durante a estação das chuvas não há pesca porque é o período de reprodução.

Os ferry-boats são utilizados para satisfazer as necessidades dos passageiros que atravessam o rio Mandovi. A ligação a esta ilha faz-se através do embarque nos ferryboats em Ribandar, que fica a 4 km de Panaji, a capital de Goa. Para chegar a esta ilha, é necessário embarcar no rio Mandovi por ferry-boat, que demora 10 minutos a aterrar na rampa de Chorao Ferry.

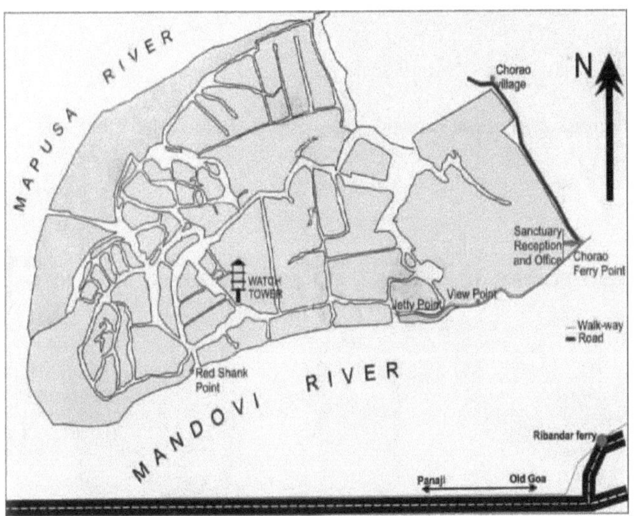

O famoso Santuário de Aves Dr. Salim Ali situa-se nesta ilha de mangais. Este santuário recebeu o nome do famoso ornitólogo indiano Dr. Salim Ali, que também é conhecido por ter visitado o santuário antes de este ter sido declarado área protegida ao abrigo da Rede de Áreas Protegidas. Este santuário é basicamente um ecossistema de zonas húmidas com uma densa vegetação de mangais. A área do santuário é de 1,78 km2 e tem uma série de canais intercalados.

Dr. Salim AU Bird Sanctuary Entrance in theMangrove Island at the Chorao Island on theMandovi River on 14th December, 2011.

A vegetação de mangais deste santuário presta vários serviços ao ecossistema. Desempenham um papel fundamental na estabilização da terra e na retenção de sedimentos, na ciclagem de nutrientes, na transformação de poluentes, no apoio a habitats de viveiros de organismos marinhos, para além de fornecerem lenha, madeira e recursos haliêuticos às comunidades costeiras. Actuam como quebra-velocidades, protegendo a costa das tempestades e proporcionando casas seguras aos goeses.

O Mapa 8.3 seguinte mostra o mapa de orientação do percurso natural até ao Santuário de Aves Dr. Salim Ali:

MAPA 8.3 PONTOS DE OBSERVAÇÃO DO TRILHO NATURAL PARA O SANTUÁRIO DE AVES Dr. SALIM ALI

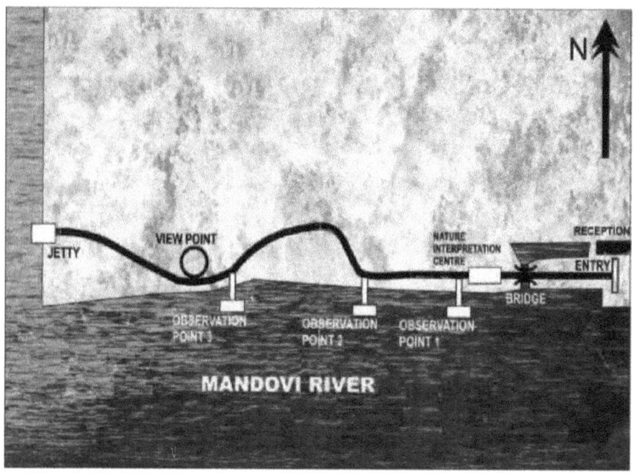

Nesta viagem por trilhos naturais no Santuário de Aves Dr. Salim Ali, Sujeet Kumar Dongre, o coordenador estatal da CEE de Goa e o Sr. Maneru, chefe da aldeia de Chorao, partilham as suas experiências sobre os ecossistemas de mangais. Este santuário é basicamente um ecossistema de zonas húmidas com uma densa vegetação de mangais. A área do santuário é de 1,78 km2 e tem uma série de canais intercalados.

O Sr. Maneru, chefe da aldeia de Chorao e o Sr. Sujeetkumar Dongre, coordenador estatal da CEE de Goa, partilharam as suas experiências sobre os ecossistemas de mangais em 14th dezembro de 2011.

A vegetação de mangais deste santuário presta vários serviços ao ecossistema. Desempenham um papel fundamental na estabilização da terra e na retenção de sedimentos, na ciclagem de nutrientes, no processamento de poluentes, no apoio a habitats de viveiros de organismos marinhos, para além de fornecerem lenha, madeira e recursos haliêuticos às comunidades costeiras. Actuam como quebra-velocidades, protegendo a costa das tempestades e proporcionando casas seguras aos goeses.

Este ecossistema de zonas húmidas atrai aves migratórias em grande número, como *os patos de Pintal*, nos meses de inverno, de outubro a fevereiro de cada ano. Algumas das aves importantes que são frequentemente observadas no Santuário são a *garça-branca-pequena, a garça-boieira, o guarda-rios de peito branco, o corvo-marinho-pequeno, o pato-preto, a garça-verde, etc. Os caranguejos-vermelhos* também se encontram em abundância no Santuário.

Na entrada do Santuário, em Chorao, encontra-se um Centro de Interpretação Natural, que fornece informações sobre a composição florística e sobre alguns dos visitantes frequentes das aves.

Uma torre de vigia de três andares situada no interior do santuário oferece uma vista panorâmica do santuário - abaixo do nível da copa das árvores, ao nível da copa das árvores e acima do nível da copa das árvores da densa vegetação.

Uma torre de vigia no interior do Santuário de Aves Dr. Salim Ali em 14th dezembro de 2011.

Existe também um viveiro de vegetação de mangais. Algumas das espécies importantes aí cultivadas são *Ceriops Tagal, Aricenmia Alba, Rhizophora Mucronata, R. Apiculata, Bruguiera Gymnorrhiza, B. Cylindrica, Riphariam Forest*, etc. (WMMEC, 2012).

Estudantes e professores explorando a vegetação de mangue no Centro de Viveiro dentro do Santuário em 14th dezembro, 2011.

A noite foi um deleite para os participantes, que tiveram a oportunidade de adquirir conhecimentos e de se divertirem no Centro de Ciência de Goa, em Miramar. Os alunos aprenderam sobre o oceano através de várias actividades, como um concurso de desenho, um concurso de perguntas e respostas, a projeção de um filme em 3D sobre a *"Vida no Oceano"* e pinturas corporais, onde desenharam várias formas de vida marinha nas suas mãos e rostos.

9.   Dia de sensibilização para os oceanos

Introdução:

stOs cientistas previram que, no século XXI, a humanidade será movida por sete buscas. São elas a procura de espaço vital, água, alimentos, minerais, energia, chaves para o clima e o próprio conhecimento. E, enquanto os humanos exploram reinos conhecidos e desconhecidos nesta busca, parece haver um que pode muito bem oferecer respostas a todas estas áreas. Trata-se dos oceanos.

São os oceanos que controlam o clima da Terra. Os ventos que sopram e as chuvas que caem têm a sua origem nos oceanos que rodeiam as nossas massas de terra. O subcontinente indiano regista um padrão único de ventos e chuvas devido à localização geográfica das massas de terra no Oceano Índico. Este fenómeno é conhecido por monção. O termo é utilizado para descrever o sistema de ventos que sopram do sudoeste durante seis meses do ano e da direção oposta durante os outros seis meses.

Os padrões únicos dos ventos de monção da Índia são determinados pelos oceanos circundantes. De junho a setembro, os ventos da monção indiana tornam-se húmidos ao percorrerem longas distâncias sobre os oceanos a sul e a norte do equador. A forma da Baía de Bengala faz com que as correntes de ar da monção se desloquem para norte, em direção ao Bangladesh. Os ventos húmidos são travados pela cordilheira dos Himalaias e provocam fortes chuvas nas encostas meridionais dos Himalaias. Na costa ocidental da península indiana, os ventos da monção são travados pelos Ghats Ocidentais, proporcionando chuvas abundantes ao longo da faixa costeira que se situa entre o oceano e os Ghats.

Durante os meses de inverno, os ventos sopram de nordeste. Como sopram através da terra, são comparativamente secos, mas são acompanhados por ventos húmidos vindos da Baía de Bengala e do Oceano Pacífico. Assim, os ventos da monção de nordeste trazem alguma chuva à costa de Andhra Pradesh, Tamil Nadu e Kerala. Os oceanos têm sido um reservatório de banquetes aquáticos, fornecendo valiosas ervas daninhas, prados, depósitos minerais, medicamentos marinhos, energia das marés, etc. Assim, os oceanos, enquanto controladores do clima, sempre desempenharam, e continuam a desempenhar, um papel vital na vida dos seres humanos, influenciando direta ou indiretamente áreas que parecem estar bastante distantes umas das outras. Os oceanos também sempre ocuparam um papel importante nas tradições, na cultura, no folclore e na literatura da Índia. O Rig Veda contém quase uma centena de referências ao Oceano (*Samudra*), bem como dezenas de referências a navios e a rios que correm para o mar. De facto, os oceanos são um recurso importante da humanidade que ainda não foi explorado e aproveitado em todo o seu potencial (GOI, 2006).

Celebração deParyavaran Mitra Amigos do Oceano:

Sempre houve interesse em aumentar a compreensão humana de todos os aspectos dos oceanos do mundo e dos processos e mecanismos que fizeram, e fazem atualmente, do oceano aquilo que ele é. Os marinheiros indianos são conhecidos pelo seu espírito de aventura e coragem desde os tempos da civilização do Vale do Indo. Os povos de Mohanjo Daro e Harappa efectuavam trocas comerciais com os portos do Golfo Pérsico em navios construídos na Índia já em 2450-1900 a. C. De facto, a consciência da importância dos oceanos remonta aos tempos védicos.

No âmbito da celebração do seu centenário, o GVM, em colaboração com o CEE Goa, celebrou o *"Dia da Sensibilização para os Oceanos"* no Centro de Ciência, em Miramar. No âmbito da comemoração do Dia da Sensibilização para o Oceano, foi inaugurada a cerimónia *"Amigos do Oceano"*, tendo como convidado principal o Dr. Shailandra Kumar, da SAARC Coastal Zone Management, Maldivas, e o Professor Madhav Gadgil, Ecologista, e o Dr. Joshi, Diretor do Centro de Ciência, Miramar, no dia 14th de dezembro de 2011. Todos os professores e estudantes participantes aprenderam mais sobre a gestão costeira através de palestras de especialistas e interagiram e trocaram opiniões no Fórum dos Professores. Entre os professores, Sureshkumar, de Bengalore; Bijoy Bhurges, de Nagpur; C.B. Rastogi, de Nova Deli; P.K. Ghosh, de Ahamedabad, etc., trocaram os seus pontos de vista sobre a conservação das zonas costeiras. A partir deste fórum, os professores adquiriram experiência e compreenderam como cada um deles, enquanto professor/educador, tem influência na Conservação Costeira e o que podem fazer a nível individual para a conservação e gestão costeira?

Inauguração de "Friends of Ocean" no Centro de Ciência de Goa em 14ᵗʰ dezembro de 2011.

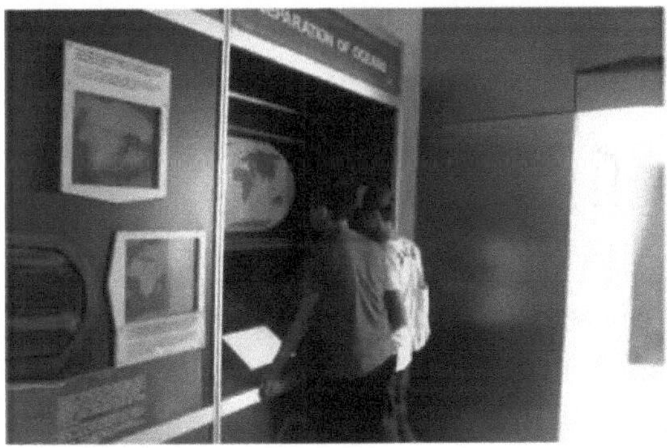

Os alunos de Manipur aprenderam sobre o Mundo dos Oceanos no Centro de Ciência, Miramar, em 14ᵗʰ dezembro de 2011.

Seguiu-se uma visita à cénica Praia do Mar de Miramar. Antigamente, a praia de Miramar era conhecida pelos portugueses como *Porta de Gaspar Dias*. Situa-se na confluência do rio Mandovi com o mar Arbiano. É a zona balnear da capital goesa de Panjim, também conhecida por Panaji e é uma das praias mais visitadas de Goa. É uma das duas únicas praias de Panjim, sendo a outra a praia de Caranzalem. De facto, a visita à praia de Miramar Sea Beach é o acontecimento mais memorável para todos os participantes, especialmente para os que vêm das regiões montanhosas do Nordeste. É a primeira vez que se vê a praia marítima de Goa - a praia marítima de Miramar, onde o mar, a terra e o céu se encontram em harmonia. Todos gostaram e sentiram-se extremamente felizes por aterrarem pela primeira vez na praia marítima de Miramar.

Estado em carga de Manipur e Sikkim, no Miramar Sea Beach, em 14th de dezembro, às 20H.

Participantes do Nordeste em Experiência na Praia de Miramar em 14th dezembro, 2011.

À noite, os alunos e os professores actuaram no auditório do Hotel Atish, mostrando as diferentes culturas e danças de Goa apresentadas pelos estudantes do Goa Vidyaprasharak Mandai. No âmbito deste programa cultural, os estudantes dos Estados do Nordeste - Sungwdan Narzary, um estudante da Hindustani Kendriya Vidyalaya, Assam - executaram a dança Bihu e Ashis Rai, um estudante da Government Secondary School, Rong, Sikkim, executou a dança de Micheal Jackson, repetida duas vezes, de acordo com a preferência do público. Intercâmbio cultural através da dança e da música, com os alunos e os professores a mostrarem as diferentes formas culturais e de dança da Índia. Assim terminaram alegremente os programas de intercâmbio cultural contribuídos por todos os participantes do Evento Nacional Paryavaran Mitra em Goa, juntamente com os alunos da Escola Secundária A.J. de Almeida do GVM, no Hotel Atish.

Programa cultural realizado pelos alunos no HotelAtish no dia 1 deh de dezembro de 2011.

10. Cerimónia de entrega das medalhas em Kala Kendra

Este dia, 15th de dezembro de 2011, é o último dia do evento nacional Paryavaran Mitra de 5 dias em Goa. O evento levou os participantes ao Kala Kendra (Black Box Academy), em Panjim, para a cerimónia de encerramento. A Kala Kendra (Black Box Academy) é um centro cultural proeminente e uma das componentes importantes da Kala Academy (Academia das Artes), gerida pelo Governo de Goa. Está situada em Campal, Panjim, ao longo das margens do rio Mandovi. A Kala Academy está registada como sociedade e foi criada em fevereiro de 1969 com o objetivo de promover a arte e a cultura de Goa. Tem um Conselho Geral de 28 membros, um Conselho Executivo de 14 membros e um Comité Consultivo para várias secções. O edifício foi projetado por Charles Correa. Desempenha o papel de *"órgão de cúpula para desenvolver a música, a dança, o teatro, as artes plásticas, a arte popular, a literatura, etc., promovendo assim a unidade cultural de Goa"*.

Foi realizada uma exposição de fotografia sobre a biodiversidade de Goa, especialmente sobre a biodiversidade das borboletas de Goa, tendo como convidado principal o Dr. Shailandra Kumar da SAARC Coastal Zone Management, o Dr. Jaishree Sharma, Professor, DESM, NCERT, o Dr. Shailaja Ravindranath, Diretor Regional, CEE Sul, Shri Mahesh Shetye, Presidente da Assembleia Geral do GVM e o Sr. Bhaskar Khabdeparkar, Presidente da Comissão de Trabalho do GVM. Estudantes e professores partilharam as suas experiências sobre os papéis fundamentais desempenhados pelas borboletas de Goa.

As borboletas enchem o nosso ambiente de cores e ocupam um lugar especial nos nossos corações. Mas, para além destes valores estéticos, também desempenham algumas tarefas importantes de carácter ecológico. As borboletas são importantes componentes da cadeia alimentar das aves, aranhas e outros insectos predadores. A função mais importante que desempenham é a da polinização. As borboletas adultas passam a maior parte do tempo a visitar uma flor atrás da outra para se alimentarem de néctar e, no negócio, ajudam na polinização cruzada de muitas plantas com flores. As borboletas são também indicadores de um ambiente saudável. A antiga relação entre os seres humanos e as borboletas atravessa hoje um período de grande tensão, uma vez que as actividades dos seres humanos ameaçam direta ou indiretamente a existência das borboletas.

Existem mais de 25.000 espécies de borboletas no mundo, das quais 1.500 espécies se encontram na Índia. Goa tem 90 espécies de borboletas registadas por vários investigadores.

Como parte final do evento nacional Parayavaran Mitra de 5 dias, foi também organizado um programa de interação pelo representante do GVM. Nesta cerimónia de entrega de prémios, os estudantes Kanta de Jamu & Kashmir, Sabhana de Madhya Pradesh e Sisil de Kerala expressaram os seus pontos de vista sobre o que aprenderam no Evento Nacional Payavarana Mitra de 5 dias sobre a exploração e descoberta de Goa.

Programa de interação e feedback pelo representante do GVM em Kala Kendra em 15th dezembro. 2011.

Um estudante de Andhra Pradesh disse que, sendo oriundo de uma família conservadora, nunca tinha ido a uma igreja, mas este evento deu-lhe a oportunidade de o fazer e agora compreende a importância de conhecer outras culturas e religiões. Uma professora de Deli disse que não só aprendeu práticas ambientais, como a oferta de mudas em ocasiões especiais, mas também a confecionar doces locais de Goa.

Assim, os professores e os alunos participantes aperceberam-se e aprenderam com as experiências de alguns dias que há necessidade de mudanças de comportamento na implementação das actividades de impressão manual Paryavaran Mitra no âmbito de cinco temas, a saber, água, gestão de resíduos, energia, biodiversidade, cultura e património por parte dos alunos participantes.

Assim terminou o evento nacional Paryavaran Mitra, com a duração de 5 dias, tendo adquirido muitas experiências e conhecimentos sobre a exploração e a descoberta de Goa.

11. CONCLUSÃO

Goa possui um rico património cultural. A riqueza e a vivacidade culturais de Goa reflectem-se bem nas danças populares de Goa, na cultura popular de Goa e nas canções goesas, como as danças *Mando e Dekhni*, etc. A cultura goesa é uma mistura do seu povo, das festas, da música e da dança. E, como tal, Goa é única no que diz respeito à sua composição floral e faunística, uma vez que se situa na zona de transição entre os Ghats Ocidentais do Norte e do Sul. A biodiversidade encontrada nos Ghats Ocidentais do Norte, em Maharashtra, faz sentir a sua presença no limite sul da parte oriental de Goa, enquanto a fauna dos Ghats Ocidentais do Sul tem o seu limite norte no sul de Goa. Os Ghats Ocidentais, que formam a maior parte do leste de Goa, foram reconhecidos internacionalmente como um dos 34 hotspots de biodiversidade do mundo.

O Estado de Goa tem um enorme potencial turístico e uma boa margem para o desenvolvimento de indústrias de ecoturismo, uma vez que a sua beleza natural, o seu povo hospitaleiro, a sua cultura e os seus monumentos históricos e arquitectónicos, etc., atraem muitos visitantes de todo o mundo.

O Goa Vidyaprasarak Mandal (GVM), Ponda, como parte da celebração do seu centenário, organizou o evento nacional Paryavaran mitra de 5 dias na cidade de Ponda, em Goa, com o objetivo de explorar e descobrir o rico património cultural e natural de Goa. Professores e alunos de 69 escolas representando 30 Estados e Territórios da União do país participaram no Evento Nacional Paryavaran Mitra de 5 dias em Goa, de 11th a 15th de dezembro de 2011. Para participarem no evento nacional, muitos dos alunos viajaram de comboio pela primeira vez e tiveram a oportunidade de adquirir conhecimentos e experiência com a viagem de reconhecimento da natureza ao famoso Santuário de Vida Selvagem de Bondla e à aldeia de Chorao, onde se situa o mundialmente famoso Santuário de Aves Dr. Salim Ali, na ilha de mangais do rio Mandovi. Muitos dos participantes tiveram a oportunidade de apanhar um ferry para chegar à ilha de Chorao Mangrove pela primeira vez, especialmente os participantes do Nordeste, que se situa nas regiões montanhosas da extrema fronteira nordeste da cordilheira dos Himalaias. Ao mesmo tempo que experimentavam as ondas azuis e verdes do Mar Arábico a lavar os pés verdejantes da mundialmente famosa praia de Miramar Sea Beach, que fascinaram e cativaram os participantes, especialmente os participantes das regiões do Nordeste, incluindo Manipur. Algumas das experiências e aprendizagens notáveis do evento nacional Paryavaran Mitra de 5 dias em Goa estão resumidas abaixo:

Durante os últimos dias, estudantes de diferentes Estados do país tiveram a oportunidade de expor as suas actividades do projeto Paryavaran Mitra implementadas nas suas escolas Eco-clubes respeitadas através de fotografias, relatórios e modelos. Os estudantes não só expuseram as suas actividades de projeto de ação, como também interagiram e aprenderam com os seus contemporâneos de diferentes Estados. Os alunos também participaram no concurso de perguntas e respostas baseado no filme de astronomia *"Journey to the Universe"* no Planctário do GVM, Centro de Ciência, Ponda, e exploraram o céu noturno.

Alunos e professores aprenderam e compreenderam o papel fundamental desempenhado pelas florestas e pelo habitat da vida selvagem com uma visita ao famoso Santuário de Vida Selvagem de Bondla, guiada pelo Range Officer.

Os alunos e professores tiveram a oportunidade de experimentar e participar plenamente no Dia de Sensibilização para os Oceanos *"Amigos dos Oceanos"* com várias actividades relacionadas com o ecossistema costeiro. Percurso natural com uma visita à aldeia de Chorao, onde se situa o famoso santuário de aves do Dr. Salim Ali, na ilha de mangais do rio Mandovi, onde os alunos e professores aprenderam muito sobre o ecossistema dos mangais.

Os alunos também tiveram a oportunidade de adquirir conhecimentos sobre o mundo dos oceanos através de várias actividades, como um concurso de desenho, um concurso de perguntas e respostas, a projeção de um filme em 3D sobre a *"Vida nos Oceanos"* e pinturas corporais, onde desenharam várias formas de vida marinha nas suas mãos e rostos e se divertiram no Centro de Ciência de Goa.

Os professores também aprenderam mais sobre a gestão costeira e trocaram opiniões no Fórum de Professores sobre como cada uma das suas actividades como professor/educador tem influência na conservação costeira e o que podem fazer para gerir a Zona Costeira Indiana.

No final, os alunos e os professores realizaram um intercâmbio cultural através da dança e da música, apresentando as diferentes formas culturais e de dança da Índia.

Este evento nacional Paryavaran Mitra de 5 dias em Goa, de 11th a 15th de dezembro de 2011, não só reforçou o programa Paryavaran Mitra no país, mas também tende a realizar mais actividades do projeto Paryavaran Mitra por todos os participantes nos próximos anos.

Anexo A

Modelo de relatório para as actividades da Paryavaran Mitra

Informações sobre a escola:

Nome da escola: ....

Endereço da escola: ....

Cidade ....Distrito..............Código postal n .º.................................

Código EMIS: ....

Número de telefone da escola:.........................

ID do correio eletrónico:.....................................

Professor responsável/Eco-Clube responsável que facilitou as actividades:

Nome:...

N.º de telemóvel:...

ID do correio eletrónico:..

Endereço postal:..

SL n.º.	Temas	Paryavaran Mitra Actividades realizadas pela sua escola	Alterações Observado*	N.º de alunos que participaram em cada atividade
1.	Energia			
2.	Água			
3.	Resíduos Gestão			
4.	Biodiversidade			
5.	Cultura e património			

* Medidas quantificáveis da mudança observada após a realização da atividade pelos alunos.

(Se necessário, utilize folhas suplementares e partilhe fotografias das actividades). Fontes: GOM: Conselho de Controlo da Poluição de Manipur, Imphal.

Anexo B

Modelo de acompanhamento escolar das actividades do Eco-Clube

Este formato deve ser utilizado pelo representante da DIMC, pela agência de recursos, pelos formadores principais, pela agência de coordenação distrital (ONG), etc., durante a visita de controlo.

Detalhes da escola visitada:

Nome da escola e endereço:..

Força da escola (rapazes e raparigas):...

Instrução média:..

Nome do professor responsável:...

Participação do professor no programa de orientação (sim/não, se sim, data):.....................

Detalhes do Eco-Clube:

Eco-Clube formado em (Data):...

Número de alunos no Eco-Clube (rapazes e raparigas)..

Frequência das reuniões do Eco-Clube:...

Número de reuniões realizadas até à data:..

Apoio recebido: Recursos / materiais didácticos recebidos:..

Utilização de material de recurso:..

Subsídio deRs. 2.500/- recebido (Data):...

Apoios externos, subvenções, etc. recebidos pela Escola:...

Pormenores da participação do Eco-Club em quaisquer eventos/competições:

Atividade	Nível	Data e Duração	Número de alunos, comunidade, etc.	Pormenores (incluindo o impacto em termos de mudança)

Actividades previstas no plano:

Data proposta	Atividade planeada	Nível	Número de alunos a envolver, participação da comunidade, etc.

Interação com os professores e os membros do Eco-Clube:

Data:

Assinatura da pessoa que efectua o controlo   Assinatura do chefe

Mestre/Principal

Fontes: GOM: Conselho de Controlo da Poluição de Manipur, Imphal

Anexo C

Subvenções recebidas

Montante: .... Data: ....

Detalhes da subvenção de apoio externo: ....

SL Não.	Actividades/Tarefas	Montante gasto (em Rs.)
1.	Custos de administração	
2.	Custos da atividade	
3.	Custos de material IEC	
4.	Outros custos	
	Total	

Assinatura do professor responsável

Assinatura do diretor principal com selo

Data:

Estação:

Fontes: GOM: ManipurPollution Control Board, Imphal.

Bibliografia selecionada:

1   . Anon (1993): diretório das zonas húmidas indianas, WWF-Índia e Asian Wetlands Bureau.

2   . Anon (1996): A Student's Environmental Do-it-Yourself, CPR Environmental Education Centre, Chennai.

3   . Anon (2009): Towards Safe Coast: integrating Disaster Risk Reduction into Coastal Development in India, CEE, Bengalore.

4   . Anon: The Green Club: A Guide to setting up and Running Clubs for the Environment, Human Service Centre, Imphal.

5   . Anon (2011): Explorar, Descobrir, Pensar, Agir: Paryavaran Mitra Hand Print Action Towards Sustainability, CEE, Nova Deli.

6   . Anon (2012): Western Ghats in UNESCO List, *Economy at a Glance*, setembro-outubro, 2012.

7   . Estibeiro, C. M. (2004): Uma Documentação Histórica apoiada em Visuais: Goa Ontem e Hoje, Panaji.

8   . GOG: Centro ENVIS de Goa, Panaji.

9   . GOG: Direção-Geral do Turismo, Panaji.

10   GOI (2006): NatureScope India da CEE: Diving into Ocean, Human Resource Development, Nova Deli.

11   GOI (2001): National Green Corps, Ministério do Ambiente e das Florestas, Nova Deli.

12   GOI (2009): *Mini Park - Mega Move*, em Young in Green Actions: Inspiring Stories from the National Green Corps, publicado pelo CEE, o Ministério do Ambiente e das Florestas (MoEF), Nova Deli.

13   GOI (2012): Relatório Anual, Ministério do Ambiente e das Florestas, Nova Deli.

14   GOI (2013): Paryavaran Mitra Newsletter: 16-30 de abril de 2013, Vol.31,

Ministério do Ambiente e das Florestas, Nova Deli.

15   GOI (2015): Relatório sobre o estado das florestas na Índia, 2015, Forest Survey of India, Dehra Dun.

16   GOI (2016): India 2016, Divisão de Publicações, Ministério da Informação e da Radiodifusão, Nova Deli.

17   GOM (2009): A Manual for Eco-Club Teacher-in-Charge in Manipur, Manipur Pollution Control Board, Lamphelpat, Imphal.

18   Desai Dr. K. N. et al (2002): Sand Dune Vegetation of Goa; Conservation and Management, Botanical Society of Goa.

19   Joshi, V. C. et al (2004): The biodiversity of Life-form Types Habitats Preference and Phenology-of-the-end.

20   Mathani, Dr. M. C.: Turismo: Goa, *Yojana*, 15 de maio de 1991, Vol. 35, No.8, PP.26-27.

21   Myers, N. et al (2000): "Biodiversity Hotspots for Conservation Priorities", *Nature, 24 de fevereiro de 2000.*

22   Rangnekar, P. (2004): Catlogue of "Birds of Goa", Projeto patrocinado pelo Departamento de Ciência e Tecnologia, Saligoa, Goa.

23   Rangnekar, p. (2007): A photographic Guide to Butterflies of Goa, Mineral Foundation of Goa, Panaji.

24   Singh, R. L. (1971): Regional Geography of India, Sociedade Geográfica da Índia.

25   Sharma, T. C. et al (1977): Economic Geography of India, Vikas Publishing House Pvt. Ltd,

26   Wadia, D. N. (1919): Geology of India, Macmillan Publishers, New Delhi.

27   WMMEC: Paryavaran Mitra Eco-Club Bulletin (trimestral), Vários Volumes, Nambol Hr. Sec. School, Nambol.

28   Anon (2012): Relatório sobre o evento Paryavaran Mitra Nation Event on Exploring and Discovering Goa (w. e. f. 11th to 15th December, 2011), W. Manihar

Memorial Eco-Club, Nambol Hr. Sec. School, Nambol.

29   Crónica dos Serviços Civis Questões Ambientais, 2012.

30   . www.paryavaranmitra.in

31   .www.goaenvis,nic.in

32   . www.wiienvis.nic.in

33   . www.http://envfor.nic.in

34   . www.http://goacom.com/goa

35   . www.http://makemytrip.com

36   .www.bgci.org/garden

37   .www.asi.nic.in

Printed by Books on Demand GmbH, Norderstedt / Germany